PLC原理及电动机技能训练

徐杜功　李晓刚　著

中国海洋大学出版社

·青岛·

图书在版编目（CIP）数据

PLC 原理及电动机技能训练 / 徐杜功，李晓刚著.

青岛：中国海洋大学出版社，2024. 11. -- ISBN 978-7-
5670-4019-9

Ⅰ. TM571. 6

中国国家版本馆 CIP 数据核字第 2024VX3723 号

PLC 原理及电动机技能训练

PLC YUANLI JI DIANDONGJI JINENG XUNLIAN

出版发行	中国海洋大学出版社		
社　　址	青岛市香港东路 23 号	**邮政编码**	266071
网　　址	http：// pub. ouc. edu. cn		
出 版 人	刘文菁		
责任编辑	由元春	**电　　话**	15092283771
电子邮箱	502169838@qq. com		
印　　制	青岛中苑金融安全印刷有限公司		
版　　次	2024 年 11 月第 1 版		
印　　次	2024 年 11 月第 1 次印刷		
成品尺寸	185 mm×260 mm		
印　　张	9. 75		
字　　数	210 千		
印　　数	1~1000		
定　　价	59. 00 元		

发现印装质量问题，请致电 0532-85662115，由印厂负责调换。

前　言

随着时代的发展，社会各行各业的生产和服务水平都得到了较大的提高，制造业同样也不例外。在制造业的发展过程中，对各类制造装置进行持续的优化设计是必要的。其中，装置的智能化水平便是工业化发展水准的一种较为突出的标志。如今，各大工厂制造车间均配备了相应的数字编程控制系统，达到了工厂生产的智能化生产标准。

PLC 的全称是可编程逻辑自动控制器。通俗地说，它是一种很单纯的特种计算机。它能够在特定的工业环境下运行，哪怕是在条件极其严酷的工业环境下，它也能够控制很多机器执行设备。随着信息技术和计算机技术的不断发展，人们要不断地开展 PLC 技术的研究，为使 PLC 技术智能化管理系统的开发走在时代前列而不懈努力。

①科学技术推动了当前各行各业的发展，过去的电气自动化控制已不能适应现代的要求。要想实现行业发展，电气自动化领域必须进行 PLC 工艺和 PLC 智能化控制器的完善，唯有如此，方可实现技术创新，增加效益。②每个产业的成长都是循序渐进的，要想真正在竞争中脱颖而出，必须强调可持续发展，走在当前科学技术的最前端，改进产品和信息系统的应用。③PLC 技术和 PLC 自动化控制器的完善是一个发展的过程。PLC 从技术上来看，是可控制和编程的控制器，是伴随计算机技术的发展而产生的，在比较特殊的情况下，其能够进行各种电子设备的使用，在内部存储设备上也能够使用人为的控制程序来实现管理，从而进行控制。④在技术要领上，PLC 自动控制器是当前中国制造业领域开发的较为先进的技术系统，同时也是比较全面的控制器技术，能有效降低不必要的劳动成本，还采用了 PLC 远程监控技术。本书主要根据 PLC 的核心技术和 PLC 自动控制器设计来展开论述，剖析了 PLC 在当前制造业发展中的重要意义，并结合传统电气自动化控制的技术缺陷，突出了 PLC 自动控制器在改善人力、物力，以及其相对应的环境资源方面的优越性，论证它还合理地降低了生产成本，为制造效率的提高和更有效的生产提供了新的路径。

在考虑安装 PLC 自动控制器之前，设计人员可根据在制造业发展与生产中所需的控制系统生产装置的生产工艺过程，及其生产装置中需要控制系统的合理程度来进行优化设计。通常，PLC 自动化控制系统根据大小可以分为容量大的 PLC 自动化控制系统、容量较小的 PLC 自动化控制系统，还有容量一般的 PLC 自动化控制系统。最早期的 PLC 自动化控制系统仅仅在工业生产中应用，而且是依靠控制器来实现的。工业企业在制造中的制造流程较为复杂多样，必须实现闭环控制的 PLC 自动化控制系统要选用容量一般的自动控制器。而容量较大的 PLC 自动控制器，则大多被应用于尺寸相当庞大并且必须采用相应的技术实现智能化管理的工业装置当中。例如，在汽车的生产装置的制造流程中，因为电气工程中采用的生产装置数量比较多，所以需要采用 PLC 自动化控制系统数量较多的方式实现智能化管理，以满足制造系统的需要。

实现智能化管理的工业生产装置的复杂程度及其所使用的工艺，都直接影响着所选择的 PLC 自动控制的设计。因此，在进行 PLC 自动化控制系统的设计时，设计人员应该按照在工业生产发展中需要满足的程度做出科学合理的设计选型。此外，其还要根据工业生产设备中所需要的各种控制材料做出不同的设计选型。

PLC 自动化控制系统设计还需要包含相应的软件和硬件设备，在具体的系统设计过程中，设计人员还必须考虑这个系统设计直接相关的电流是不是能够顺利输入和输出。在输入电流设计的过程中，对输入电流的大小也有着极为严苛的规定，通常情况下需要将电流限制在 240 V 以内。由于 PLC 自动化控制系统的使用范围十分广泛，并且很容易受到外部各种因素的干扰，所以需要配备电力净化设备。针对这种情况，还需要充分根据自动管理系统的设计对隔离变压器做出较为合理的设置。在系统装配的过程中，常常会发生负载和电流过高情况，这就必须对系统加以合理的管理，同时对 PLC 自动化控制系统的装配质量进行仔细的审核，以最大限度地发挥系统的智能化功能。进行模块化设计时，一般情况下会先设计整体结构，然后再加以汇编整理。PLC 自动化控制系统大部分的装置都使用模块化设计方法，不同的功能要求采用不同的设计，同时不同功能间也有着十分密切的关系，设计与改造程序也相对简单。设计工作完成后要进行相应的调整，设计人员还必须充分根据设计的具体要求，对电路的输入/输出和供电方式做出相应的调节，以达到对整体控制系统的正确控制。当然，在具体的工程中，其还要根据实际工程情况进行不同的调整、采取不同的控制措施。除此以外，必须采取对 PLC 自动化控制系统的保护措施。在具体调试工程中，相关人员还应该对整个系统安装操作设备进行仔细的检察，要预留充分的时间让工程人员对设备进行适当调整和检测，以便更好地维持整体控制系统的顺利工作。另外，对于 PLC 自动化控制系统的测试要求如下：操作者首先需要对 PLC 自动化控制系统中的各种关键装置进行彻底的检查，在检查中没有发现异常现象后，才可以对外部电源加以合理的设置。

目　录

第一章　分析问题　优化解决方案

第一节　PLC 相关介绍及存在的问题

一、PLC 学习与应用的相关问题

（一）PLC 介绍

PLC（Programable Logic Controller）是被当前企业广泛采用的一类高智能化控制设备，中文名是可编程逻辑自动控制器。PLC 的出现及蓬勃发展有其必然性。在 PLC 诞生以前，离散式控制系统中最主要的电子单元为控制继电器，其是一类机械式的单元，主要通过接点开闭来完成连接和切断。但此类单元的主要不足之处有速度慢、寿命较短、准确性低、逻辑调试费时费力等。随着电子工业的蓬勃发展，这类控制元件在控制系统中退居次要地位也是必然。后来，随着集成电路和微电子工艺的开发，PLC 应运而生。在稍大的或一般大小的电气系统中经常能够看到 PLC 的存在，它是整个系统的核心，大多数的控制指令都是从它这里产生的，由此可见 PLC 的重要意义以及人们在控制产业中熟练掌握 PLC 的必要性。

目前，中国 PLC 的生产厂家较多，品牌更是数不胜数，运用最广泛的品牌是西门子、三菱、欧姆龙等。各厂商的 PLC 硬件架构和软件信息都是比较封闭的，所以 PLC 间的互换性也比较弱，很多厂商都采用了专门的控制总线和网络协议。由于各个厂商的 PLC 程序设计语言在表达方式和软件结构上有所不同，所以虽然 IEC（国际电工委员会）已经专门给 PLC 制定了标准，但不少 PLC 厂商还是会根据原来的标准进行设计。因为非标设备（不符合国家颁布的统一行业标准和规格的设备）的存在，PLC 的学习和发展等方面还是存在很多问题。

（二）输入/输出单元

输入模块用于实现输入/输出数据的隔离过滤和电平变换；输出模块主要是对 PLC 的输入/输出进行放大和电平变换，从而驱动监控过程。输入与输出连接回路主要由滤波电路、光电隔离电路和输入/输出内部回路等构成。

输入/输出连接回路主要由数据锁存器、电平转换电路和输出功率扩大回路构成。PLC 功率输入/输出回路分三种类型：继电器开关出口、电晶体出口和晶闸管出口。

（三）PLC 的工作过程

通电后，PLC 先完成初始化，然后选择工作状态。工作状态分为编程状态、操作状态等。对普通用户而言，需要注意的是编程状态的运行过程。而 PLC 所执行状态指令的动态过程，大致上可以分成以下三个阶段。

1. 输入采样阶段

该过程也被称为输入刷新过程。PLC 可通过扫描的方法顺序读取外面信号的输入/输出状态，再把此状态传递到输入的映像寄存器上。

2. 用户指令执行阶段

PLC 会首先运行客户程序，然后会按照梯形图的次序先左后右、由上至下对每个命令进行读取和解释，同时在输入映像存储器和输出映像存储器中读出输入和输出状态，之后会根据原来各软元件的信息和情况重新完成逻辑运算，再把计算数据存入对应的寄存器中，接着才能进行下一个命令，直到完成。

3. 结果输出阶段

该阶段又叫输出刷新阶段。指令运行阶段结束后，工程技术人员需要将进入映像存储的状态信息成批地传递至输入/输出所存寄存器中，将输入与输出的所存寄存器信息一一对接到物理点的输入/输出口，以共同完成实际输入/输出。而输入刷新、编程运行和输出刷新则组成了 PLC 实现用户编程的最后一个扫描循环。

（四）PLC 的编程学习及学习方法

掌握 PLC 程序最有效的途径便是实践操作。实践操作是一个先操作再思考，思考后找到方法再操作的过程。这个过程既是一个很直观的过程，也是一个能够激发学习思维的过程。在学习 PLC 的过程中，发散思维和举一反三的思路，对学习者来说是非常有好处的。接下来笔者将通过实例来讲解这个方法。

一台电机的起动停止程序已制定好了，在试验的时候出现了问题，学习者就要思考：为什么会产生这种问题？如何处理这种问题？所以练习和实践贴合得相当紧密。当然，要想学得更深入，举一反三也是必要的，如在上面的这个案例中，如果这一台电动机是这样操作，那么其他电机怎么操作呢？如果是要运用在工程上常常使用的星三角起动操作呢？每提一种问题就需要用实际操作来回答，解决问题的过程便是工作能力提高的过程。这样与实践相结合，提出问题，进行实践，然后再提出问题，再实践，重复这些步骤，学习者会发现 PLC 的编程学习过程是很有意思的。

当然，以上提到的这些操作对新手入门是比较合适的。入门后，学习者可以看到自身技能的提升到了一个比较缓慢的阶段，这个阶段并没有指令的用法和语句功能实现的提升，而是一种更深层次的提升，其需要更多项目实践和历经千锤百炼的程序设计练习，还需要现场调试实践作为补充。

当前，PLC 的品牌较多，类型也很复杂，挑选一种容易掌握并且使用较为普遍的牌子和机型是非常关键的。笔者建议把西门子 S7-300 当作入门的机型。当前，在 PLC 的品牌中，西门子是市场占有率较高的牌子，而且，S7-300 更是西门子中一个可以承上启下、用途广泛的类型。当然，除了市场占有率这一方面，西门子对技术资源具有较高的开放性。在教学过程中，查找技术资源是至关重要的，而这种资源可以在西门子中国或者其他网站上很方便地被查找到，这样的便利性对初学者而言是非常有益的。

（五）西门子 PLC 的工业应用过程

以上讲述了笔者了解的一些关于 PLC 的基本构造的知识以及对 PLC 编程学习的方法。当然，在现实工作中要编写调试程序并不是件容易的事。下面，笔者将以西门子 S7-300 为例，讲一下工程人员到工厂现场调试的大致过程。

（1）熟悉加工过程和操作条件，对整个工序要达到的要求和关键部件做到心中有数。这是十分关键的，有了这种认识才能够把项目的架构制定得更合理，对细节掌握得更精准。

（2）硬件组态化，从 STEP-7 中选取适当的型号进行组态并完成编译。

（3）把电气图的原理分析图中 PLC 的各点主要功能和硬件组态的各点加以对接，并在字符表中加以编制。需要指出的是，字符表编制得科学合理对以后编程效率的提升会有较大的助益，这值得工程技术人员在实践过程中自行探索。

（4）上述操作完成，就已经完成程序编制了。如果工作量很大，工程技术人员则必须遵循一定的原则把程序分块编制，以利于顺序的调整和程序段的检查。软件编程时，如果对某些功能能否实现还没把握，可使用模拟软件加以检测。对初学者而言，模拟软件也可以是释疑解惑的利器，可多加使用，此外还要多查资料，多看系统里的信息，这也是相当有益处的。

（5）当程序编译完毕后，若使用接触屏等人机界面设备，就必须做好这项设备使用的管理工作，当然，这就涉及接触屏的使用和通信等问题。

（6）最后便是现场情况检查了，只依靠人的头脑运作预期产生的情况，很难与现场的情况贴合得天衣无缝，所以必须加以调节，进行或大或小的改变。做到了这一步，一个相对完善的工程就做完了。

随着中国现代制造业的飞速发展，企业内部自动管理系统的更新换代特别快，而技术创新的发展速度有时也让学习者难以追赶，所以掌握一套适合自己的学习方式是十分关键的。另外，关于学习方法的问题，笔者认为，可以用一句所有人都已经耳熟能详的话来表达：授人以鱼，不如授人以渔。

二、电气专业 PLC 教学问题分析

现阶段，中国国内大部分的职业院校都在电气学科设置了 PLC 设备，但设备的型号并不统一。虽然中国经常举办 PLC 技术竞赛，这些实训平台也能够在学校常规课程中帮助学生增强其创新能力，提高其基础设计能力，但现阶段 PLC 设备仍然面临着相应的技术问题和缺陷。PLC 课程学习的关键在于学生对于数字控制、模拟运算、逻辑运算等知识点的掌握。PLC 课程是一门专业性与实践性很强的课程，因此对于 PLC 课程的学习而言，学生应当做到理论学习与实践学习相结合。在 PLC 课程教学的融合领域之内，教师应对其做出延伸，根据 PLC 课程教学现状，在教授 PLC 课程知识的同时结合 PLC 知识的实际应用，要求学生对其进行分析并理解，以逐步增强学生的自我学习意识与创新能力。

（一）学校电气专业的 PLC 学习问题

1. 基础不足，学习方法不当

多数学生的学习基础比较单薄，对某些学科的基础知识无法完全把握，由于 PLC 专业知识内容繁杂，学校对学生的基本知识把握能力要求也更加严格。部分学生由于缺乏对 PLC 的认识而无法有效使用，对最基本的功能命令也不甚了解；个别学生在练习过程中找不到解决办法，困惑越来越多，很明显，这不利于今后的教学。

PLC 课程是一项极具逻辑性的课程，针对目前 PLC 课程的发展状态来看，它强调的是第二课堂的融合性。考虑到 PLC 原理的课程教学内容与实践项目的教学内容的区别，学校会将基础课程和实践项目分段进行，由基础教师和实践指导教师分别承担。在教学过程中，教师多是以课堂指令教学为主，学生缺乏对实践内容的认识，在学习过程中会产生枯燥感，也很难集中精力进行有效学习。这导致的结果是学生的投入程度不足，实践教学流于形式。由于课堂教学在外部的现实环境中与相应的企业应用内容适应度不高，学生毕业后短期内想掌握好企业的各种知识会变得相当难。

2. 设备配置不足

在职业院校开设的 PLC 课程中，对教学设备的要求相当严格，而大多数的 PLC 教学设备精密、昂贵，在实训过程中很容易由于学生的操作问题而造成教学设备的损坏，这使得教师不希望在常规课程中大量使用 PLC 的教学设备。

3. 课程设置不科学

在学校开设的 PLC 课程中，学生在第一学年首先接触到的是基本理论，第二学年则学习电气控制等有关知识，但因为课程学时紧迫，学生在实训环节中往往表现出对

相关知识缺少基本的掌握，这直接影响了学校 PLC 课程的开展。在学校 PLC 的教育实践中，课时分配不合理。PLC 是一门专门性的课程，包括机电、液器控制，所涵盖的知识面较广。梯形图与电气控制系统、电路线是 PLC 应用较多的一门绘图编程语言，从根据 PLC 控制特性进行的分类中可以看出，它确实易于掌握，不过在不同时期，PLC 专业课开设存在不合理现象。目前，部分高校已经将机械电工、电子工程和电气控制课程与 PLC 课程安排在同一学年内，对一般学生来说，两门专业课的学习具有较大的学习压力，PLC 课的教学进度和教学质量也会受到影响。在大多数高校，该课程仅开设一个学年，整体教学时间较短，学生重视程度不高，这也是有些学生不能够完全掌握这门课程内容的一大原因。

（二）PLC 项目式学习与自主学习能力

PLC 的硬件部分组成基本与 PC 机一样，包括开关电源、中央处理单元（CPU）、内存、输入/输出端口电路、功能模块、通信模组等。PLC 是一个可编程设计的电子控制台，能运行逻辑计算、序列限制、定时器、时间计量和算术限制等命令，并利用输入/输出单元连接电路监控各种机器或设备制造流程。PLC 的运行安全性较高，程序简易，应用广泛，维护简单，教学实践性较强。

1. 熟悉 PLC 的基础知识是自主学习兴趣的开始

PLC 是由代替了常规继电器和计数器的控制器所构成系统的智能化控制系统，其中的名词概念源于一般的继电器和计数器名词概念。所以，学生只有熟悉了电工学的基本概念和基本原理，才能在 PLC 学习中理解具体的名词。例如，PLC 中的输入/输出、常开常关接点、延时等功能就是沿用电工知识中的具体名词。而 PLC 的操控基本原理也是与配电技术的电气控制基本原理相对应的，只不过，它在配电技术中使用了大量的元器件来完成复杂的电气控制，并且在控制系统中电路变化也更加复杂；采用 PLC 进行全程序控制时，由于接线简便，操作也快速、简便，改变程序即可，无须更换线路。

学生有了这样的知识储备，将会在 PLC 的学习中产生积极的学习兴趣，掌握更多的知识。久而久之，学生的自主学习水平也就会自然的提升。

2. PLC 的学习过程是自主学习能力的积累过程

PLC 编程语言中的阶梯图语言也是按照电气控制原理编写的，而助记符语言就是把阶梯图语言翻译成了机器语言，于是，学生既可按阶梯图语言设计控制程序，也可按助记符语言实现程序设计。关键问题就是，学生要建立起必需的 PLC 程序控制系统意识，继而参与生动有趣的 PLC 实训。学习 PLC 课程的全部过程，实际上是学生在这些生动有趣的实验练习中学会编程语言和应用技术的过程。

PLC 教学过程初期的重点，是把 PLC 的基本程序和单纯的机械电气控制原理图加以对照，从而使 PLC 的控制原理渗透到机械电气控制作业中。在这一时期，教材内容并不需讲太多，例如，教师在讲解可以简易编程和连接线路掌握 LED 指示灯的明灭及选择点亮方式等内容时，只需强调 PLC 的基本概念与原理，学生就可以自己掌握、自己练习，基本都可以自行解决遇到的问题。同时，学生或教师也要着重注意对电工学基本技能的迁移和再应用。通过一些基本的实训活动，学生不仅可以对 PLC 基本原理有初步认识，最重要的是，能够感受到先前的电工学原理及专业理论知识的有效应用，从而领悟到知识与能力之间的相互转化。对他们而言，这便是成就感，这些成就感是从自己的实操中获得的，同时也是他们反思、探研、合作并克服困难的开始。

现在的 PLC 教材主要是进行项目的教学，要求教师对各个层次的学生进行有区别的项目教学与训练。教学任务也同样应该是比较简短的，教师不必着急马上进行教学，但也不要半途而废，要逐层提升学生在项目中所掌握的知识点与技能水平，从而培养他们的自学兴趣。例如，教师要让学生从最简易的电动机功能——点动、自锁、互锁、延时开始，直至主控等，逐级提升，并进行线路串联，最终实现控制动作。学生有目标地进行操作训练的过程也就是 PLC 编程语言学习的提高过程，这样才是真正实现了因材施教。通过这一层次的课程学习，学生的成就感、主动学习能力也将与日俱增。

3. 学生能通过 PLC 的总结应用提高自主学习能力

学生先经过一段时间的基本任务操作练习，再进行命题任务的练习，就能解决实际操作中遇到的具体问题。学生可按组合作提出具体问题，再寻找答案，不同任务的组合有不同的问题与要求，但最后学生都要完成一定的任务。此时，学生对 PLC 的知识已能学以致用，并能解决现实问题，若有需要，教师可整合这些题目，通过竞赛的方式测试学生的学习效果和主动学习程度。如此，其实也是对学生所学知识的又一次总结与提高。

学生从刚开始不了解 PLC，到能运用它处理一些事情，其经历了各个时期、各种阶段的知识积累和知识总结后，自然就产生了好奇心，也会实施自主学习的行为，进而会形成相应的自主学习意识。事实上，学生每进行一个 PLC 项目的练习，就是对自己知识技能的一次提升，这个项目的练习方法也会被逐渐转化到其他的项目上。这样，学生不仅感受到了学习的乐趣，也获得了成就感，能够提高创新能力。

(三) 学校电气专业 PLC 教学策略与手段

学校开设的 PLC 课程在教学实践中还存在着一些困难和不足，由于社会上对专门的电气技术人才的需求更加紧迫，因此对于克服现阶段学校 PLC 课程所面临的困难的举措，还需要基于以下几点有效开展。

1. 合理设置课堂教学内容

在常规的 PLC 课程中一般是对 PLC 基础原理，如触点基础知识、线圈的基础操作常识、定时器基础知识、计数器基础知识等进行介绍，并不能对具体问题展开深层次的讨论研究。一些本科生对数字计算、逻辑运算和循环指令等基础知识的掌握不足，不能合理地应用它们。

2. 综合教学内容，应用项目教学模式

在学校开设的 PLC 课程中使用项目教学模式，并采取一体化的教学方式，能够有效地提高课堂教学品质。学校开设的 PLC 教学课程，融合了电子电工知识、电工基础知识、电脑程序设计等专业课程，具有综合性的特点。在授课过程中，教师可采取项目教学方式对学生实施一体化教育，并融入不同专业的各种知识，合理使用教材。

另外，学生还可采用模拟方式进行学习。例如，在三相异步电动机点动过程的设计步骤中，学生可采用模拟方式进行训练，这样，其自然就能熟悉 PLC 的知识点，能通过运用灵活掌握各种知识。

3. 综合学校专业课程特点，开展实践教学

在学校 PLC 课程中，教师要综合学校的专业课程特点，在教学实践中提高学生的实际运用能力。因此，教师可以组织学生参观现代化的生产企业，使其能经过现场观察逐步熟悉 PLC 的各项应用，逐步了解 PLC 的重要性。教师还可以在生产实践中融合各种知识，并科学合理地设定一些实际应用的微课题，进而从根本上提高学生的学习兴趣和主动性，并在无形中增强他们的科研意识。

4. 培养实践能力，重视操作能力

在学生的专业技能训练课程中，教师不应单纯地把分数当作主要考核目标，而是应结合学生在各个方面的表现，考核他们的全面技能，从而保证他们能够适应社会的现实发展要求。因此，教师应结合实践教学内容，合理设置实训教学和理论学习内容，引导学生积极主动地参加教学实践，从而提高他们的实践操作能力。

5. 重视设备管理，合理控制教学进度

教师在课堂教学实践中要提高学生对设备管理的认识，建立健全教学设备管理体系。在实训中，教师要制定完善的设备管理条例，使学生养成正确的机械设备使用习惯。在课堂教学实践中，教师要严格要求学生，严格管制各种机械设备违规行为。同时，要采用人性化、专业化以及规范化的设备管理方法强化对学生的管理约束，以从根本上提高教学质量。同时，还应该结合现场情况、采用模拟课堂的形式进行机械设备教学，这不仅能够增强学生的整体意识，而且还能够减少设备资源浪费现象的发生。在学校 PLC 教育过程中，教师要合理地安排教学进度，并把基础知识与理论加以融合，在学生掌握一定知识的基础上开展课堂教学，利用一些实践性项目进行课堂教学，并掌握学生的学习情况及学习态度，结合学生的知识水平适当地开展学科知识竞赛。

在学校 PLC 课程实施过程中，教师要了解 PLC 课程在教学实践中存在的问题和不足，综合学生的实际情况进行分析，采取针对性的方法去解决，以从根本上提高学生的编程能力与技术水平，持续地提高学校 PLC 课程的实用性，为学生今后的职业发展打下基础。

三、PLC 控制器的可靠性设置问题

PLC 的主要用途在于通过控制企业的生产流程实现管理。相比于普通的机械继电器—电子接触器控制系统来说，企业在生产中大量使用 PLC 控件，不但大大增强了企业管理生产过程的能力，而且还大大提高了生产效率，这给企业带来了很大的效益。而结合企业的实际状况以及未来的发展方向来看，推进企业生产的管理智能化乃是必然趋势。而针对企业不断增加的生产管理智能化要求，PLC 控件使用的发展前景将非常广阔。可靠性设计是实现 PLC 控制器设计中十分关键的条件，它也是控制系统总体设计的主要部分，其完成手段主要包含了电路设计、结构和程序等。在 PLC 控制器被广泛应用的今天，PLC 控制器的可靠性设计也变得越发关键。

（一）影响 PLC 控制器稳定性的几个参数

（1）空间辐射因素。雷雨、雷达、电网、设备的瞬态程序，视频、无线电台等装置都可能形成 EMI，即空间的放射电源。EMI 是威胁 PLC 控制器稳定性的主要因素，但因为其来源非常复杂，所以存在着较大的管理困难。EMI 的干涉主要表现在如下两个方面：第一，直接辐射 PLC 控制器的内部设备，并在线路传感器的作用下对其造成危害；第二，直接照射 PLC 控制器的内在通信线路。由于通信线路传感器能够把放射电源干涉导入，因此，PLC 运行的稳定性会受到影响。

（2）电源影响因素。开关电源可能会把电流扰动传入 PLC 控制器内部，这会导致其发生故障，从而影响其稳定性。若想要解决此故障，更换为隔离特性良好的 PLC 控制器电源是必需的。虽然电网仍然是 PLC 控制器的常规供电能源，但是供电系统有着很大的线路范围，极易造成空间电磁的扰动，这会使设备内部电路中出现高感应电压的电路；尤其是在大功率设备开和关、电网的接暂态干扰、开关发生的浪涌和交直流传动装置所发生的噪声等因素导致设备内部的电流发生变化时，供电线路会被传递到 PLC 控制器的开关电源处，使其发生故障。尽管更换隔离特性良好的 PLC 控制器电源能够有效规避上述情况，但一旦控制器的设计、制作方法等较为复杂时，其隔离作用可能就会被削弱。

（3）信号接收器引入。与 PLC 控制器相连的各种数据传输线除传送各种有效的数据以外，还会有外界干扰信号的进入。电路的影响可能会导致 I/O 数据的变异，降低计算准确性，严重时还可能导致元器件损坏。使用隔离特性较差的芯片也会引起电路之间的相互影响，导致离地系统总路回流，引起逻辑参数突变、错误，甚至死机。

（4）接地系统混乱。合理接地能够有效减少对设备正常运行产生的不良影响，除此之外，还能够防止该设备向外部传递干扰。但一旦接地出错，不但会引起很大的信号干扰，还无法做到完全防止该设备向外部传递干扰。PLC 系统内部的位置线分为系统地、屏蔽地、交换地和保护地等，它们会引起不同的接地位置电势分配不均，以及

各种连接地点之间产生的电位差量所引起的地环路电压变化,从而干扰整个控制系统的正常运行。同时,如果接地处理方式混乱,其所形成的地环流电压也可能在位置线上形成电位分布不等,从而干扰 PLC 内逻辑回路和模拟回路的正常运行。PLC 运行的逻辑电压干扰容限一般较低,而逻辑地电位的分布干扰则极易扰乱 PLC 的逻辑计算和信息存储,引起信息错乱、程序跑飞,甚至死机;而模拟地电位的分布干扰则将导致检测的准确度降低,从而引起信号测控丢失和误动作。

(5)PLC 控制器内部结构问题。由于 PLC 控制器内部结构也存有着许多元器件,元器件内部结构、线路间都会形成交互的电磁辐射。例如,逻辑线路的互相照射、电器元件的不匹配、逻辑地与模拟地的相互影响等,所有上述问题都会对 PLC 控制系统的可靠性产生不良影响。

(二)PLC 控制器的可靠性设计

1. 有效处理冲击电流和漏电流

(1)为了高效管理冲击电流,PLC 控制器内的结晶管或双边晶闸管的电子元器件,一般都能接受十倍于系统内设定的额定电流的浪涌电压。但一旦采用了较大负荷的冲击电流,就必须优先考量结晶管或双边晶闸管的电子元器件的安全性和可靠度。而通常,如果采用了冲击电流较大的负荷(比如重复通断发电机等),就需要确保通过负载的流量不超过冲击电流耐量限值的二分之一。其处理方式大致分为如下两类:其一,并联电阻法。即规定在平时有小于系统额定容量的 30% 的电流,先通过电源和电阻再通过负载,以此来对产生的电流冲击速度加以适当控制。其二,串联电阻法。将限流电阻连接到负载电路中,不过,这样的不良影响会降低负载的运行电压。

(2)为了有效解决漏电流,处理方式大致有如下两种:第一,输入漏电流及处理。当采用复线化的电子传感器,如光电感应器、接近控制器或带氖灯的限位开关等的输入/输出器件与 PLC 相连时,因为这种器件在关断后会形成很大的漏电流,因此信息的误连接情况可能会出现。当漏电流等于 1.3 mA 时,通常无危害;如超过了 1.3 mA,为了避免出现信息误连接的情况,可在 PLC 的对应进口侧并联一泄放电阻,以减小输入电流,从而降低漏电流造成的危害;第二,输出漏电流及处理。对于电晶体的可控硅输出型 PLC,在输出接入负载时,漏电流很容易引起系统的误动作。为避免此类现象发生,应在输出、负载二端串联旁路电容。

2. PLC 线路板的可靠性设计

优先选用可靠度较高、稳定性好、脉动较低的直流电源,并且为了减少能量损失,可采用铜引线作为连接引线;严格地处理芯片,应该确保器件的特性处于良好的安全状态,器件应具备优异的耐冲击性能、耐震荡性能等特点。

在对无缝线进行设计的过程中,如果能不平走线,就尽量不平走线,另外,为保证良好的屏蔽效果,还必须在每条有互感的电路中间安装一条地线。此外,还应将一些体积小而容量更大(至少需要几十 μF)的钽电容放置于每块打印电路板的入口区域上，将其用作滤波器，以起到过滤效果。为减小晶片所在支路的地线对器件的瞬时影响，可将打印电路板供电地路设置为网状结构。

3. 添加软件容错技术

要提高 PLC 控制器工程设计的准确性，需要在程序编制时添加程序容错技术，以进一步提高 PLC 控制器的安全性，具体措施包括以下几个方面：其一，增加软件复制技术。这种技术的重要作用就是，一旦软件系统在运行的过程中发生了故障，需要对被干扰的先行命令做出若干次的重复操作。假若复执完成，则表明干扰消除；假若复执失效，则表明程序失效（一般表现为"Fault"）。其二，设置死恶性循环处理方式。由系统软件判断产生死恶性循环的问题为重要故障还是次要问题，若是重要问题则要予以停机处理；若是次要问题，则要采用适当的子程序处理。其三，增加程序延时。对信息回路，进行抖动的检查，以及对重要的大量输入信息，通过软件进行延时 20 ms 的操作，能反复读出相同信息，结果相同能确定有效，这样就可以有效降低偶发问题带来的危害。

四、电气自动控制 PLC 现状

PLC 技术作为新兴信息技术，具有明显的优势，结合实际可知，怎样进行数据调度将成为其重点，因此，在对总体的控制中要先确定重要事项。以自动化控制原理为依据，在系统设计时首先要确定系统类型，如电源、CPU、程序存储器、连接回路、功能模块和通信功能等，并在预设中确定系统流程，以实现数控管理的最佳效果。

（一）PLC 技术现状

近年来，中国电气智能化技术创新已取得了巨大成果，PLC 工艺技术作为其中的重心，在实际应用中需要充分发挥已有管理形态的最优化功能，以推动整体水平提升。计算机技术的不断发展使设计生产过程总体呈现了快速的发展态势。结合实际内容和主要技术指标等方面可知，管理过程中必须明确设备的具体用途。以电气设备的智能化管理流程为基础，教师应要求学生了解实际内容，并确定实际分类。由于电气设备的设计与生产是一个全面性流程，因此，如何实现统一性分类也是关键问题。在智能化管理中，管理人员要依据产品规格和设计类型等实现系统集成化分类。PLC 技术在企业的智能化管理中有重要的地位，是实现有序化管理目标的关键。

（二）PLC 技术特点

PLC 设备是一个很复杂的系统，需要预设管理事项，在整体管理中需要完成维持稳定性的工作。以现有设备为前提，还必须做好连接工作，以提高整体系统的抗干扰能力。消防预设技术相当关键，设计人员应根据安全性要求和具体使用状况及时做出研究与设计。其特点包括以下几个方面。

1. 可靠性高

传统控制器中使用的都是继电器装置，它在智能化控制系统与管理系统中可能会出现接触不良的现象，但通过 PLC 技术实现连接与应用后，便可达到功能模块的有序应用。此外，以系统软件的应用和模式为基础，也要抓好接触工作，以提高整机安全性。

2. 灵活性强

以电气自动化控制系统为依据，在设计分析程序时，设计人员主要使用的是 PLC 技术体系；以功能分析为前提，在功能性分析程序中，由于不同的功能配置和系统配置都具有不同的用途，在进行功能设计时，设计人员要采用灵活多样的方式。设计人员要以信息化管理为核心，要增强 PLC 的适应性，做到管理方案的被广泛应用。

3. 使用便利

PLC 的使用与计算机信息体系有着必然的关系，在工程设计、测试和应用中，需要降低难度，PLC 才能实现有序性应用。根据自动化检测和系统分析等可知，要在检测流程中适时进行测试，并以模块为准，及时修复系统。而根据系统完整性和模块分区图等可知，只有提升系统的技术优势，才能满足上述要求。

五、电气自动控制 PLC 使用问题

（一）PLC 的结构

目前，PLC 的种类很多，但其体系结构和操作原则并无太大区别。PLC 的结构可以分为硬件操作系统和应用软件操作系统。硬件操作系统通常由存储器、CPU（中央数据处理单元）、程序设计器、通信网络、开关电源等组成。若要把 PLC 视为一种控制器，则输入或输出的数据为外部的模拟数据和开关数据，当这些数据被存储于 PLC 内的数字寄存器后，其就能够直接通过输出数据的方式被传递给输入/输出端口，此时才能直接对输出设备状态进行控制。从 PLC 的外部软件体系来看，PLC 主要可分为模块型 PLC 和整体型 PLC 两大类。以模块型 PLC 操作系统为例，其主体结构包括I/O 模组、CPU 模组、连接模组、基板、电源模块、存储器等，使用者可根据需要自主扩充和配置 I/O 模块功能。对于 PLC 操作系统来说，CPU 模组包括内部和微处理器，是不可或缺的组成部分。在实际工作场景中，CPU 模组具有以下主要功能：一是检测与校验客户程序状态；二是接受与使用现场信息；三是接受和存储用户程序的状态信息；四是诊断，以实现问题排除与故障校正。

PLC 的控制软件管理系统一般包含管理系统程序和客户程序。系统程序一般由 PLC 的生产厂商所开发，并将其配置到 PLC 上。而当前在 PLC 上的系统软件管理程序已经具备多种功能，它能够实现时间控制的进行控制、工作空间的分配控制，同时也能通过控制系统的自检系统应用软件对系统进行相应的检查，以及时处理可能会遇

到的问题。客户程序一般包括以下四个程序：一是操作站管理系统的应用程序；二是开关量逻辑控制进度；三是闭环控制程序；四是模拟量计算程序。

（二）PLC 技术的主要优势及功能

1. PLC 技术的主要优势

PLC 产品主要有四大优势：一是安全性较好，具备强大的抗干扰能力；二是使用方便，通用性强；三是程序设计方式简单，比较易于掌握；四是 PLC 控制器的工程设计、安装、调试和维修简便高效。就拿程序设计方式简单这一点来说，目前已有许多科学有效的程序设计语言得到了广泛应用，可应用的程序设计方式较多，主要包括基本功能表图、高级描述语言编程、基本功能模块图等，且一般都比较容易掌握。就 PLC 技术在电气自动控制系统领域的实际运用情况来看，工程设计、安装、调试和维修等环节不可或缺。在产品设计领域，由于其难度相对简单，PLC 控制器种类也较多。在 PLC 配置方面，其优越之处在于能够减少或删除定时器、中间继电器、时间继电器的配置，从而显著减少使用工作量与降低复杂程度。从 PLC 的维护方面来看，PLC 控制器的故障率是非常低的，可通过检测与维修来解决故障，即使遇到 PLC 自身的问题，其也能够通过及时更新控制器来解决。

2. PLC 技术的主要功能

PLC 技术在电气智能化管理中功能突出，并带来了良好的使用效益。PLC 技术在电气自动化控制中有着广泛的应用场景，不仅可以被用于开关逻辑和顺序控制，还可以在闭环流程管理、大数据分析、通信联网等领域发挥重要作用。在开关逻辑和顺序控制方面的实际应用中，其功能主要体现在以下三个方面：一是能够实现时序过程控制，电气自动控制系统设备能够根据设定的工作时间执行各种动作指令；二是能够实现逻辑顺序控制，即根据逻辑的先后顺序精准执行各项动作指令；三是能够实现条件顺序控制，当条件符合时便能够执行动作指令，反之则无法执行动作指令。在闭环流程管理的应用场景中，可以将当前的 PLC 技术应用于发热炉、锅炉、热处理炉设备中，从而实现对油温、气压、流速、液位等模拟量的闭环控制，同时模拟量和实际数值量间的 A/D 模块和 D/A 模块的互相切换也可以比较方便的进行。总而言之，PLC 技术的功能是显著的，PLC 能够被广泛应用于电气智能化管理中。

（三）PLC 技术在电气智能化管理中的运用

1. 开关量控制的应用

PLC 技术的开关量控制功能非常强大，被广泛应用于油田化学、纺织、冶金、机械设备、轻工等领域中。由于 PLC 设备能够网络化，这使得对进出触点量的控制不受限制，少则几个点，多则上万点，都能够获得有效管理。在开关流量管理领域，PLC 技术的应用优势主要体现在以下两个方面：一是在电气智能化的实际运用中，开关控制会耗费过大的电力，而且工作时限过长也很容易导致系统电流故障，而 PLC 技术就能够较好地解决这一问题，它对所编辑的逻辑数据都能够进行有效管理，这让电气控制系统的安全性和可靠度都获得了显著提高；二是利用 PLC 技术能够减少控制器和继电器之间的响应问题，而软件程序的编程也可以与实际情况相结合，从而使整个控制系统更加灵活，同时也能够克服开关量的变化过程呈多态改变的难题。如果有需要，也可编写多套程序，以提高开关量管理的有效性，提升电气设备的运行效率。总的来说，PLC 技术在开关量管理中具有简单准确的优点，因而非常适合被用于电气自动控制中。

2. 数控系统的应用

为了提高机电产品控制系统的应用效率，目前，机电一体化控制系统技术在控制器、连续控制系统、线性控制器等领域获得了广泛应用，但同时它也面临着各种阻碍和难题。而随着 PLC 科学技术的不断发展，目前，越来越多的机械公司已经把 PLC 技术应用于机电一体化控制系统中，从而有效地克服了阻碍和困难。PLC 工艺技术在机械加工的控制功能调整技术方面表现出极强的抗干扰能力，同时其机械操作的安全性也特别强，因此在机床加工过程中，它不易受到各种外在因素的影响，而且能够始终保持平稳状态。再从机电设备制造智能自动化综合管理方面来看，PLC 信息技术的应用充分发挥了机械产品设计的优越性，同时也实现了对电气改造工程生产成本的合理控制。因此，在电气工程改造中，PLC 信息技术使得改造过程更加简便快速，并且具备诊断、控制和远程监视等优点，从而可以实现电气工程的智能化。在电气信息技术的应用过程中，如果需要进行优化，用户可以通过 PLC 信息技术对设备进行编程，此外，其也可以在互联网上自行编程。另外，在数控系统中，使用 PLC 技术不仅能够简化复杂的管理流程，它所采用的屏蔽方式和调频技术还可以减少电磁辐射，从而减少数控系统操作过程中发生运行错误、数值运算失败等问题，进而提高数控系统的安全性和稳定性。

3. 模拟量控制的应用

电气控制流程中，对流量、电压、压力、温度等进行控制的系统必不可少，但如果要实现连续性工作，则需要很强的系统来控制上述物理量。为了充分发挥 PLC 工艺在模拟量控制系统中的作用，PLC 生产厂家也做了较多的研发工作，并配备了模拟量和数字量都能互相切换的 A/D 和 D/A 模块。目前，不管是大型机还是小型机，其都已较好地完成了模拟量控制系统。

在 A/D 模块中，外回路的模拟量能够被转化为数值量，并能被输入整个 PLC 系统中，而 D/A 模块则能够把数值量转化为模拟量，并将其输入整个外部回路中。A/D 模块中的 A 既可以是指电流、电压，也可以是指温度，D/A 模块中的 A 可以是指电流或电压。把 A/D 模块和 D/A 模块结合在一起，可显著扩大其对模拟流量控制的范围，而且，在控制模拟量的过程中，其还可以同步控制开关数量。其他的电子继电器则缺乏这一特性，这更加突显了 PLC 方法的模拟量的优越性。目前来说，在电气自动化工程中所采用的大中型 PLC 模拟量的能力较强，能够进行开方、插值和浮点等复杂的运算，所生成的数据也能够在所有的电脑上进行运算。

4. 顺序控制的应用

在当前的 PLC 技术中，顺序控制所包含的功能和技术较多，其适用范围也相当广泛，如能够进行实时感应控制和远距离监控，那么相应的零件就能够进行及时合理的调整。通过一定的设计方式和结构设计，PLC 的标准化程度能够得到显著提高，既能够充分发挥 PLC 技术的优越性，又能够有序地进行有效管理，而无须人工干预。在电气自动控制系统领域，人工智能技术和云计算技术也开始逐步走向成熟，并且能够被运用到电气工程领域中，可与 PLC 技术共同完成顺序控制。PLC 技术则可以模拟人类大脑的思维功能，从而更加灵活地管理电气工程与智能化控制系统。例如，当在电气工程系统操作中出现通信协议出错的问题时，智能技术可为系统提供专家数据库、模糊算法和神经网络等支持，系统就能够主动选取合适的接入平台，从而最大限度地减少潜在的故障风险。

实现顺序控制的方法多为在电气自动控制系统中添加传感器和主站层，甚至还可以添加远程控制系统，电气设备控制因此能够更规范和更合理，整体效益也能够明显增加。另外，在控制流程中还能够进行工作次序的管理，这就使故障概率大大降低。对某些较大的电气设备来说，通过 PLC 技术进行工作次序管理，能够控制和减少整体的电耗，合理控制生产成本，从而取得良好的效益。在后续应用 PLC 技术进行顺序控制管理时，需要更加注重引入智能化技术，要将 PLC 技术和数字化技术融合起来。同时，也应该逐步完善核心模块的功能，并将其运用到电气智能化管理中，以实现更为理想的次序控制的目标。

5. 其他方面的应用

PLC 技术在电气自动控制领域中的其他运用表现在以下三个方面：运动控制、信息收集、信息监测。

（1）除了完成电气自动化工程的模拟量调节和开关量控制工作外，还必须实现活动监控，活动监控的最有效手段以数字控制为主，当前，这一手段具有很广阔的应用市场。在金属切削机械数控领域，PLC 技术主要具有以下两方面的优点：一是能够采用多种方法接收输出，并能够接收多路输出；二是具备脉冲输出能力。以脉冲输出能力为例，脉冲频率通常都能够达到几十赫兹，而在此基础上再加装一个传感器或脉冲伺服装置后，就能够实现动态控制，并使之具有信息处理能力、操作能力等。近年来，由于 PLC 技术的发展，运动控制器不但能够实现点控制运行，而且能够实现控制的曲线运动，不过，目前对 PLC 单元运行性能还有很高的要求。

（2）为了满足现代电气自动化控制的更多需求，各厂家会将当前 PLC 的信息储存区进一步扩大，如目前西德维森 PLC 已能够达到 999 个汉字，从而能够保存更丰富的信息。电气自动化工程的信息能够通过计数器记录定时传递至信息存储单元，以便于计算机管理，此时的 PLC 就可以作为计算机数据终端。如果有特殊需要，也可以把 PLC 安装到小型打印机上，并利用计算机读出相应的区域信息。

（3）在电气自动控制系统领域，PLC 的自检功能较强，而且内部信息也较多，需要进行智能化的信息监测和报警。目前，PLC 技术已经能够进行电气自动化信号控制，甚至能够进行一定范围内的控制，可以实现自动化系统的手动监测与自动监测，在系统出现故障时能够产生警示信息，这使电气自动化控制的准确性能够得到明显提高。

综上所述，PLC 技术在电气自动化控制中起到了非常关键的作用，可被应用于许多方面，并可以推进电气智能化工程的健康发展。当前，PLC 技术在开关数量管理、模拟量监控、运动控制系统、数据收集等方面的应用优点还是比较突出的，今后要对其完善和优化，以实现更大的应用效果。另外，还要推动 PLC 技术和智能信息技术的有机融合，加强电气自动化的智能管理和信息化控制，以实现更良好的管理效益。

六、电气控制与 PLC 控制系统抗干扰问题

随着中国科技的日益发展和进步，电气智能化对国民经济的建设具有至关重要的意义，智能化装备也因此在多方面得以被应用。但在现实应用中，自动装置使用的 PLC 控制器经常会受到各种因素的干扰而无法正常运行，这大大降低了设备运行效率。为提高 PLC 电气控制器的性能，确保设备的高质量工作，有必要对各种干扰源加以研究，并制定具体的抗干扰技术，这对自动装置的开发具有重要的意义。

（一）PLC 控制系统干扰概述

在 PLC 控制器的日常使用中，各类模拟信号、数码讯号和某些配套系统中的变频器、开关电源、马达、发电机和手柄等工作状态的急剧变化形成了不同的磁场，由不同的磁场产生的电荷无序而随意地运动就形成了噪声源，即干扰源。其中，电磁干扰源类型很多，比较常见的有突波噪声、高频化辐射、共模干扰和差模干扰等。任意一个扰动因素都会对 PLC 控制器产生或大或小的干扰，小则烧坏 I/O 触点，大则导致设备撞车，严重破坏自动化装置，甚至引发人身意外，导致重大损失。所以，对 PLC 控制器的抗干扰问题，需要加强重视。

（二）PLC 控制系统中的干扰源

1. 空间的电磁、辐射干扰

其实，整个空间处处存在着或强或弱的射线，而这种射线大多是由电网电力系统、电气设备、收音机、无线网络、加热装置、电力变压器、通信塔等发出的。如果 PLC 控制器离所有干扰源都很近，则电磁辐射就会径直对 PLC 控制器的内部线路产生干扰，从而扰乱 I/O 点的运行，并对 PLC 的内部通信系统产生负面影响，从而产生不良的通信结果。

2. 电源的干扰

开关电源是整个 PLC 系统的基础，而开关电源的稳定性基本决定了控制器的安全性。在实际使用中，受供电系统影响，PLC 控制器不能工作的概率较高。究其原因是 PLC 控制器的供电电源通常直接从供电系统引进，而国家电网基本上连接了全部的电力装置，供电系统中的主要装置的自动启停浪涌噪声、发电机转动的谐波、变压器的不平衡、短路冲击电流等，对控制器的正常用电工作都会产生一定影响。

3. 信号线引入的干扰

PLC 控制器通常含有各种执行器、设备，如电磁阀、自动变频器、伺服驱动器、力矩电机、信号灯等和一些输入/输出设备，如力、声、光、电、热等各种感应器，以及开关按键、通信控制面板等，这些装置对 PLC 控制器的信号交换具有很大影响，能传递正确、有效的信息。由于信息接收器的长短、质量、绝缘性能等因素，信息接收器也总会受某些杂波信息的影响，而这些干扰信号也会导致 PLC 的 I/O 点工作不平衡、通信失常等，从而影响整个控制器。

4. 不正确接地的干扰

为提高控制器的稳定性与可靠性，连接是有效而必需的方式之一。但在实际项目的使用中，往往会出现连接不当或连接错乱的状况，这对 PLC 控制器也会产生很大的负面影响。不适当的连接线路会导致各个连接部位之间产生电势差，而这些电势差在 PLC 控制系统中会产生闭环电压，直接危害整个控制系统中的输入或输出信息收集，以及执行器动态和常规通信。由于在 PLC 内工作的信号电压范围比较狭窄，因此接触异常很容易影响 PLC 控制系统程序的正常执行，导致数字信号交换不正常以及输入或输出信息准确度的降低等。

5. PLC 系统内部的干扰

一般控制系统内的干扰主要是由 PLC 控制板的布局结构，使用劣等的电极材料及电极，设备的相互作用，以及扩展功能的不当选择等因素而引起的。如果发现产生这种干扰，设计人员就必须依操作手册严格进行排查和操作，如干扰依旧产生，就必须更新相关模组。

（三）PLC 控制系统中抗干扰的方法

为提高 PLC 控制器工作的稳定性，在实际使用中应该高度重视以上提到的干扰源，并采取合理措施进行抑制，以延长控制系统硬件的使用寿命，确保自动化装置的平稳工作。

1. 选用合适的电源

在 PLC 系统中，供电系统是整套系统的根本。供电电源通常为城市用电 220 V 交流电，由于电网的干扰，波动变化频频出现，这种改变可以引起电流毛刺和失真校正，从而会使经过 PLC 系统变压器、控制设备传动开关电源、变频器开关电源和与 PLC 系统相连的各种信号开关电源流入整套系统中。对于 PLC 的系统变压器，首先，通常要选择阻隔性较强的开关电源，以通过隔离开关控制进入线中的高频网络信号，而输入电缆则必须采用双绞线，以减少共模干扰。其次，必须利用低通滤波器减少或抑制从大输出功率变频器中或驱动器上串入的高频网络噪声。而用电导线的敷设方式也必须尽可能地避免影响信号与通信线路，如采用金属片隔挡的开关电源。部分机型的 PLC 主机必须通过 24 V 直流电源，所以在选用开关电源时，要选用容量适当和电压平稳安全的开关电源，防止由于开关电源的不足而导致无法控制 I/O 或其他电路异常情况的出现。

2. 选择可靠的信号传输电缆

在工业自动化装置 PLC 系统应用环境中，光缆的长短、材质和绝缘性能直接决定着信息的传输效果。因此，对于控制电缆辐射接地装置，尤其是变频器设备馈电光缆，须进一步提高其信息传输效率，另外，信息的联络电线电缆应选用有遮蔽层的电线电缆。电源线、信号线和电话线之间应选用截然不同的光缆，并采取将电源线路和信息接收器传输线分别敷设的方法。另外，在信号线和电话线之间的走线槽里也要分别敷设信号线和电源线路。为了避免一条线缆同时连接电源线路和信息接收器，信号线和电源线路之间不能并列敷设，以降低对信息的干扰。同时，为了传递更高频的信息，还必须使用同轴电缆。针对系统信息传递过程中产生的毛刺问题，可以通过控制信息的传递提高系统的抗干扰能力。

3. 正确接地，消除干扰

接地的主要目的，一是保证电力稳定和人身安全，二是控制系统干扰。在 PLC 控制系统中，由于大部分电气设备安装时存在内部信息交互情况，这就需要各电气设备在安装时都有一套基准"地"为信息的参考，因此，合理完善的接地设计是改善 PLC 控制器抗干扰能力的关键举措之一。

PLC 控制器中，主要使用 220 V 交流城市用电或 24 V 直流电源，与之相连的还有众多执行设备、控制器等，甚至某些机器设备之间也有着无法回避的物理联系。因此，在交流地和直流地，设备应该分别连接，其中，输入数字信息的设备和输出信息的设备也应该分别连接，一般选择悬浮的共地点。其连接方式一般有三种：悬浮接地、垂直接地和电熔连接。PLC 控制器大都是高速的数字化扫描、低工作电压控制系统，因此应该选择垂直连线方式。设备装置内部的信号交换速率有高有低，受各种电缆敷设方式引起的分布电容变化和输入/输出信息的波动影响，PLC 控制器连接线上应该选择单一点接地或串联点连接的方法。而如果自动化装置体型很大，需要分段或分层地部署设备，则应该在每一部分或每一级中引出接地线，再接到地极。对信号线和通信线，则应该采用带遮蔽层的单芯或多芯绞线，用屏蔽层一端连接，这能有效防止信息干扰。

4. 选择合适的滤波器

滤波器可以对高速瞬变扰动产生显著抑制。滤波器常用类型主要有数字滤波器、低通滤波器、高通滤波器、带通滤波器、载阻滤波器、模拟滤波器和介质滤波器等，选用正确的滤波器可以很有效地减少 PLC 系统中的干扰问题。而 PLC 控制器的抗干扰性能和滤波器的选型、配置质量有关，如不能选择正确的方式进行安装，即使是使用了性能优异的滤波器，也达不到预想的效果。所以，为了提高 PLC 控制器的抗干扰性能与能力，工程技术人员在选型和应用滤波器时，必须注意下列事项。

（1）在安装板上安装滤波器之后，接线时要将接线端留出一个"干净地"，将滤波器的连接器座放在这块地方。

（2）尽可能缩短滤波器和控制面板间的引线，以减少近场干扰。

（3）如果设备、机柜上存在金属壳体，那么，安装过滤器的"干净地"要与这个金属材料壳体连接。若缺乏金属外壳，则可在电控盘下安置较大的金属材料块以将滤波电路连接，这能显著降低无线电高频干扰。

所以，合理选用、配置、应用滤波器是改善整个 PLC 系统电磁兼容性能的有效、实用的办法。

5. 选用性能优良的 PLC 主机及扩展模块

在硬件设置上，PLC 的数字量输入与输出都可通过光耦合器件实现，PLC 内部系统和外围电路相互之间的电力隔绝有效阻隔了外围电路的串入。同时，PLC 的供电线路和 I/O 线路都加入了多重滤波回路，这使得 PLC 自身具备了较强的安全性和抗干扰能力。但由于 PLC 的品牌、型号繁多，其性能表现也参差不齐。在不同的使用场所和技术项目要求下，应该综合考量产品型号、配置方案、功能特点、扩容方案、响应速度、抗干扰能力和成本等各方面，来选用 PLC 主机和扩展模块。

综上所述，电气自动化产品对中国现阶段的国民经济建设具有关键性意义，其生产质量的提高离不开电气自动化装置的大规模使用。但是，在智能化电气控制的应用中，由于面临多种影响因素，PLC 控制器的运行质量和安全性常常遭到限制。所以，需要学会认识各种干扰源，并了解克服干扰源的途径和手段，在工程执行中进行合理有效控制，以保证 PLC 控制器的安全，最大限度地发挥智能化系统的优势。

第二节　PLC 技术原理与技能要素

一、PLC 技术的基本原理及其在现代电力工程中的运用

PLC 装置具备稳定性好、抗干扰能力强、控制系统形式灵活多样、现场适应性好等优点，在电力系统自动控制领域有着广泛的使用前景，能大大提高现场的智能化程度和现代化管理水平。随着中国经济水平的日益提高，城镇化程度的逐步提高，人们

在生活上的用电需求也日益增加。为适应越来越多的使用需求，供电过程的智能化已是未来的重要发展方向。要达到这一要求，就必须进一步提升电气设备的智能化程度。自动控制加上人为操纵可大大提高控制系统的操作效能，推动能源工业的健康发展。所以，人们更应该关注 PLC 技术在电力工程中的运用。

（一）PLC 技术的基本原理

PLC 能够利用微处理器完成计算，同时完成对自动化的监控。在生产中，依托 PLC 的使用，技术人员能够完成逻辑运算和有序监控，同时完成对制造装置和制造过程的自动控制。PLC 的实施过程可以分为三个步骤，依次是输入工作步骤、程序运行步骤和输入/输出步骤。其具体的工作机理主要包括以下几方面：第一，在输入/输出过程中，PLC 必须对所有的输入/输出数据以及状态信息完成扫描，并将其保存到 I/O 映像区中，然后再转换为可执行程序，对输入/输出情况实施监控。第二，在编程执行阶段，PLC 可以根据给定的时间顺序对过程加以扫描，利用扫描到的信号进行计算，再根据计算的结果对逻辑线圈的工作状况加以调节，以确保编程的顺利实施。第三，在输入/输出环节，CPU 将产生命令，并通过 I/O 映像区数、状态和回路的闭锁功能对外部设备加以驱动，从而完成对电子设备的智能化管理。

（二）PLC 技术的优势

PLC 技术是微机技术和继电接触器控制技术相互融合而形成的结果，这种技术可以弥补传统继电接触器控制中功率高、接线烦琐、灵敏度差和安全性较低等的不足，并能对编程特性进行优化改良。其优点主要包括以下几方面。

1. 功能更加全面

在目前 PLC 技术的广泛应用中，产品的规格和特性也正向着多元化的方向发展，其已经可以适应各种智能化控制系统的应用需求。与此同时，由于这些产品都具备了较为全面的逻辑处理能力和计算功能，因而其在数字控制方面的运用也非常普遍。

2. 运行更加可靠

在制造 PLC 产品时，使用的内部抗干扰设计能使产品的稳定性明显提高，可以确保用户安全可靠地进行工作。与此同时，目前的 PLC 具备自我监测能力，当检查发现产品存在问题后，它能在第一时间发布警告，并指导维修技术人员解决问题。

3. 编程难度降低

PLC 属于工控电脑，其接口更加简化，而且程序设计复杂度也更低，因此，设计人员能够使用梯形图语言进行程序设计工作，不必掌握更复杂的汇编语言，这减少了程序设计工作中对人员的技术需求，也让更多人可以轻松地掌握程序设计技能。

4. 便于维护

PLC 设备用存储逻辑代替接线逻辑可以大大减少设备外连接线的数量，缩短设备的施工流程，同时降低操作的复杂性，使以后的系统维护变得简单。与此同时，PLC

也可以进行现场编程以及制造流程调整，可以应用在多种类、小批量的制造流程中。

（三）PLC 技术的应用

1. PLC 技术在开关量管理中的运用

PLC 技术在开关量管理中的运用主要涉及两个领域：第一，对断路器的管理。在现代企业的电气自动化系统中，一般采用电子继电器来完成对线路的监控，但这一方法必须采用种类更多的电磁继电器，因为接口和触点的种类都较多会导致系统工作的安全性下降。而当使用了 PLC 工艺后，控制系统中的继电源键会被软继电器代替，这能大幅提升控制系统的安全性。在 PLC 控制系统中，工作人员只需完成分闸和合闸等简单操作，就能够保证整个系统的顺利工作。而与此同时，系统一旦出现故障，控制系统就会自动停机并产生警告，以提示维修人员对故障做出解决，因此，在解决故障的过程中，不需进行烦琐的二次接线。第二，可以实现后备电源自动接入。后备电源的自动接入可以更有效地提升系统的可靠性，这使 PLC 在较大容量的系统中得到更广泛的使用。在常规的后备电源连接方法中，切换后一定会出现约几秒钟的中断情况，从而导致电源的可靠性大受影响。而当使用 PLC 方式时，后备电源能进行自动连接与管理，并能针对现场情况进行干预。

2. 实现顺序控制

在传统的家电控制中，一般的控制器能通过继电器开关完成控制功能，但当使用了 PLC 技术之后，PLC 控件能代替继电器开关。在具体的使用流程中，PLC 在对全部用电项目实现调度的同时，还能够完成对部分电路设备的管理。与此同时，作为远程终端单元，PLC 控制器还可以采用远程遥控的方式对变电站的 RTU 设备实施管理，能通过收集和管理不同的开关状态量，利用反馈信号来确定故障情况，从技术方面对故障设备进行管理，从而提升了供电系统的安全性与稳定性。

综上所述，PLC 的正确使用可以使现代电气工程的智能化管理更方便，且其准确性好、程序简便、现场应用性好，这使其在现代电气工程的开发设计过程中起到了十分重要的作用。在工作场所中正确使用 PLC 技术，有助于提升现代电力系统智能化控制的安全性与可靠性。

二、变频器和 PLC 交流控制系统的基础研究与应用

在以往的变频器控制系统中，PLC 大多可通过调节继电器开关启停的方法来控制变频器的启停，因而无法达到对交流电动机的准确控制。为了更好地通过 PLC 对变频器实现精确控制，可以利用 PLC 和变频器之间通信的方式进行。

（一）变频器的控制原理

从物理角度分析，交流发电机的同步速度用公式可表达为 $n=60f(1-s)/p$

式中，n 代表异步电动机的速度；f 代表异步电动机的效率；s 代表电动机转差量；p 指电动机的极对数。在这个方程式中，代表速度的 n 和代表频率的 f 呈正比例关系，其意义就是一旦频率 f 发生了改变，相应地，电动机的速度就会发生变化。对于这种情况来说，当频率 f 的改变范围在 0 Hz 以上、50 Hz 以内时，则相应的速度 n 的可调整幅度会较大。因此，通过这一方程式即可了解电机的运行机理，即可以通过改变电动机电源的频率来控制转速，而这样控制转速的方式同时具备了高效率和高性能两个优点。

（二）PLC 与变频器的控制方法

1. 变频器端子控制

端子控制器的传统操控方式表现为利用 PLC 开关电源量的输入/输出来操控变频器（变频器已预设各个频段的输入/输出），其基本操控流程：PLC 依次产生的各个开关电源量信息会去操控变频器相应功能的连接端口，以此完成对变频器静止、启动和恢复的操作，再操控组合变频器高、中、低速的三种端子，从而完成多段速的工作。这种监控方法通常要求变频器速度较高，同时要求 PLC 输入/输出数量也比较大，但这会增加控制系统成本，而且由于这种监控方式主要是利用开关量数据实现监控，既不能进行连续而平稳的调速，也没有高精度调速，因此一般被应用于对调速精度要求较小、变频器数量较少且没有反馈信息的控制器中。

2. 模拟量与通信控制方法

模拟量控制器一般是采用 PLC 配置的 DA 模拟量数控制电机的，而一般 DA 控制器在一个通道内仅可控制一个电机。其操作过程一般是利用 DA 模拟量的功能，将 PLC 数据量转变成 4~20 mA 的电流信号和 0~1 V 的电流信号对控制电机进行控制，或者通过修改 PLC 数据量修改模拟量的方向，以便进行电动机变速。这样的模拟量控制方法程序简便，能实现平稳的调速。但由于模拟量是直接利用电流信号进行控制的，电缆连接器需要很长的工作时间，因此，控制电缆容易使压力下降，会对系统安全稳定性造成危害。数据通信的方法通常是采用 RS-485 端口连接变频器的，其具备抗干扰能力强、成本低、速率高及安全可靠等特性，采用这种控制方法时，只用一条线缆便能彰显端子控制以及模拟量控制系统所具备的所有特性，一般可对 8 台变频器进行管理。另外，在控制系统中还设置了触摸屏，可通过触摸屏进行参数的输入与读取。

（三）RS-485 通信系统基本概述

从技术属性上分析，RS-485 通信系统大多采用典型的无协议通信方式，而整个通信流程也往往包含了固定协议，并且数据无须交换，大多使用通信接口就能实现命令的传递。其中，在 PLC 中主要采用的 RS-485 的通信接口为两个，而在通信协议方面则需要提前对串口方案进行预设，需要注意的是，还可以使用 RS-485 通信方案对自动化变频器加以控制，这样能够合理控制多个交流自动变频器，控制数量最多可以达 32 台，但必须在通信前就先对通信接口的硬件设备进行连接，并可有针对性地设定具体的控制参数。此外，当使用 PLC 控制器实现通信管理功能时，通常是在最末端的变频器加载阻抗，并且在显示器为关闭状态的情况下进行。此外，在通过 CPIH 串口通信对其进行硬件安装的同时，也要在 PLC 的端口上使用通信选项板，并将开关状态设置成开的状态。PLC 在和自动化变频器相互连接时，变频器会采用相应的协定，一般是 MEMOBUS 协定。之所以采用该协定，目的是利用主站对从站所产生的命令进行反馈，同时也能够针对实际状况，根据指令现状分析数据的变化。传送的数据所包含的信息内容有很多，包含从站地址、所传送的功能码、通信数据等，在整个数据通信的流程中，必须从多方面对信息加以分析，还必须确保信息内容传递之间有间隔，如此才能从根本上确保传输数据的完整性。当然，为了提高其可信度和准确性，还需要在传输地从站地址中进行设定，若从站地址设定为零，则主要可通过广播的形式进行数据传输，而这个方法并不要求对变频器进行反馈。另外，由于在数据传输中的功能代码通常为指定的代码，内容众多，因此，在一般情况下，要传送的信息都必须寄存到寄存器里，然后再按照信息的实际状态进行修改。而当传输变频器出现问题时，通常可以选择的方式就是 CRG-16，其默认的参数是零，进行设定要有针对性，并且必须做好信息间的比较和校验。通常，在 PLC 对变频器加以控制的同时，可使用变频器 RS-485 进行串行通信连接，同时使用通信线缆将其连接，使其与通信模组互相联系，对变频器的实际工作状况实现管理和监视。

（四）变频器与 PLC 的通信控制应用

在变频器和 PLC 的连接中，自动化变频器主要使用的是 MEMOBUS 协议，MEMOBUS 协议主要采用的是通过主站对从站发送命令并通过从站做出反馈的形式。所传递的命令中，命令的内容和功能上存在差异，所传递的数据的长度也会产生一定的改变。其所传送的信息一般包括从站位置信息、所传送的功能码、通信数据以及故障检出等内容。另外，在实现数据通信过程中，也必须保证所发送的信息时间有相应的间隔，从而保证对所传输数据的信息响应及时。例如，所发送传输数据从站的位置可以设定在 0~20 Hex 的范围内，将从站位置设定在零则表示信息以广播的形式传输，而没有通过变频器进行反馈应答。而在数据传输中的功能代码则是传递的命令的编码，这些功能代码一般包括了读出存储寄存器上的信息、电路检测和对各种寄存器的读写等重要部分。其所传送的信息则指的是由数据库寄存器中编码的各种数据所组合产生的信息，由于其所传送的命令信息的差异会导致命令信息的长度变化，所以在自动化变频器处于故障状态时所使用的是 CRC-16 的方式。在通常情况下，所运算出的 CRC-16 信息系统默认的数据都为零。至于在系统主站中所连结的从站位置上的 LSB 则一般是 MSB，人们一般把所传送的最后数据信息的 MSB 当作 LSB，会以此为数据基础来进行有关 CRC-16 的运算，并且还可以通过来自从站的响应信息来完成有关

CRC-16 的运算，然后将运算后的信息和响应信息中的 CRC-16 的信息进行比对检测。

（五）PLC 与变频器之间的通信控制的 PLC 程序设计

在使用 PLC 编程和系统编写的过程中，首先必须解决的问题是实现 RS-485 通信连接和相关的硬件通信接合机的初始化、控制器命令句的组成及其命令传递，以及对变频器反馈信息的管理。另外，在 PLC 软件编程时必须注意的是，需要对变频器执行的所有操作的控制数据进行收集与管理。此外，为了在 PLC 通信编程的设计中使用 RS 命令作为工具实现对 RS-485 接口的控制板及特定适配器的调整，还需要利用 RS 命令进行串行数据的操作信息的格式修改，以及采用特定寄存器 D8120 对信息做出相应的设置。在参数设置时必须注意的是，所设置的参数必须和变频器的数据格式充分匹配，以防止因为二者不能匹配而无法实现信息的传递。当使用 RS-485 通信的 PLC 时，可通过传送命令将所需通信的数据加载在与 D200 连接的数据模块上，其中，D200 为输出数据的首位置（指针）。另外，在程序编写时还应该考虑的是按照传送通信方式、采用常量直接能对字节数做出确定，在不提供传送的操作系统中，可将所需传送的信息传送点数设置为 K0。D500 为 PLC 与变频器控制通信中 PLC 接收信息的首位置（指针），而 D1 数据接收的字节数可通过传送接口平台采用常量确定字节数。在程序设计中必须注意的是，数据信息的传递与转发采取的是单脉冲执行方法，用 SETM8122 进行。在 RS-485 连续通信中，发出的指示为 TXD，接受的指示为 RXD。参数 "S" 为设置发出消息时的首位置，"D" 为接收首位置，"C" 为控制字。因为每个字符都是 ii 字符并且是两个字节，所以，当接收数据时必须按照 "S（D）~S（D）+（N & pide；2）-1" 中的信息，将指令设定为 S＝DM0001，C＝0100，N＝0014 的工作状态。当由 PLC 编制的程序转发完成这些数据后，它能将频率信息输入变频器，此时的马达仍不能工作，变频器必须发出 HFA 命令，以调节马达的运转情况和旋转方式。

综上所述，现如今的制造业发展如日中天，变频器的灵活运用具有重要意义，它不但可以降低电器的功率，而且也可以从一定程度上达到对电器的有效保护。因此本书从多方面展开了论述，力求实现 PLC 对变频器的高效控制。

三、西门子 PLC 控制器的运行特点与常见故障

随着现代工业自动控制技术的发展，PLC 控制器在建材业制造流程中也日益得到普遍使用。目前，多数 TKD 系列继电器控制都已经被西门子 PLC 控制器所取代。所以，全面了解西门子 PLC 控制器的原理是非常有必要的，而且掌握其中经常出现的问题以及对其做出合理的控制也是非常关键的。随着智能化控制的不断完善，西门子 PLC 在中国的应用范围和涵盖行业广泛，尤其在工业、家庭中都有着很大影响，因此，西门子 PLC 在智能化控制中具有无法取代的重要作用。

（一）西门子 PLC 简介

西门子 PLC，即由德国西门子有限公司（以下简称西门子公司）设计制造的可程序设计的二进制控制器。1975 年，西门子公司首次把产品 SIMATICS3 投入国际市场，它引起了极大的震动，这也是西门子公司制造的最原始、最简易的二进制控制器。1979 年，西门子公司发布了 SIMATICS5，虽然 S5 和 S3 仅相差两代，但由于 S5 使用了微处理器，因此比 S3 更"聪明"。在接下来的数年内，以 S5 为基准的"U"系列的产物出现了，直到 1994 年，S7 的出现使 PLC 系列产品发生了质的飞跃。接着，西门子公司在 1996 年发布了 PCS7 系列，现在又推行了 TIA 全自动控制系统。PLC 操作简便，系统编程简单，效率较高且出错率较低。此外，PLC 安全可靠，自身的硬件设备较为简单（无太多活动、连接电子元器件），而且易于维护，并自带独特的控制系统设计，如断电保护、信息储存等，因而在实际生产使用中比较安全。

PCL 具有硬件、程序设计语言等特性，在实际操作中具有灵活性。

（二）西门子 PLC 的运用

任何自动化过程都是由许多更小的部分和流程组成的，所以要明晰一个目标就要对这个目标进行分解。这些硬件包含了输入/输出数量和种类，相关系统编号和种类，所用机架号，CPU 种类和数量，HMI 系统以及网络体系。软件技术方面主要是指自动化过程中的信息提供，包括组态信息、通信信息以及流程和项目文件。在 SIEMENS 的 S7 中，以上所有操作都在项目中完成（SIMATIC 完成器），包括必需的硬件（及组态）、网络（及组态），以及各种编程和自动化处理方法中的信息和 F1 在线协助。

（三）西门子 PLC S7-300/400 常见问题及处理办法

1. 西门子 S5 系列 PLC 与西门子 PLC S7-300/400 内部 RS485 接口电路剖析

作为 20 世纪 80 年代由德国西门子推出的小型可编程控制台，S5 系列 PLC 拥有简单可靠的特性和结构紧凑的模组设计，其类型按照 I/O 点数、特性等要求，可分为普通型（U 型）、自处理型（W 型）、开关型（R 型）等。

随着使用时间的持续增加，S5 系列 PLC 会出现各种问题，这些问题通常可分成两类：软件问题、硬件问题。其中，软件问题的解决相对简单，通常可选用 PG 方式解决。例如，由模组构造造成的 PLC 本身有问题，要对问题模块做出判断，再选用替换的方式，这样可有效增加维修效率。随着科技水平的日益提升以及企业国际化进程的日益加快，现在 S5 系列 PLC 已逐步淡出市场并停止生产。身为西门子公司工业自动化控制系统的主力产品，S7 系列 PLC 更具备优越性，对比 S5 系列 PLC，其优势主要是可靠性高、易于使用、灵敏性高等。在分析西门子 PLC S7-300/400 的问题时，可以对其 RS485 连接电路图加以认识。

2. 西门子 PLC S7-300/400 的常见问题

（1）烧断 R1、R2，Z1、Z2 时，SN5176 无损。因瞬时冲击电压变化很大，10 A 流量是 Z1、Z2 可以承受的最高冲击值，而该输出电压在 R1、R2 上产生的最高瞬态功耗则是 1000 W，在该情况下，它能烧断 R1、R2。

（2）损坏 SN5176 时，R1、R2、Z1、Z2 均无损。

（3）损坏 Z1、Z2、SN5176，但 R1、R2 则无损。高电压、低电流的瞬时冲击将击穿 Z1、Z2，但由于电流密度较小与发作持续时间短等原因，并不会损伤 R1、R2。

3. 西门子 PLC S7-300/400 常见问题的处理办法

由以上问题可知，瞬态过电压、静电都是 PLC 接头损伤的主要因素，而其中形成瞬态过电压、静电的因素很多，因此为了解决上述问题，有必要注意解决方法的选择。

（1）PLC 的处理方式。首先，为了实现 24 V、5 V 的供电阻隔，需要选用阻隔的 DC；其次，选用 RS485 芯片的材料，要求产品同时具备静电保护、过热保护和输入失效保护的特性；再次，维护设备方面应选用具有较高响应率、大接收瞬态输出功率的地 TVS、BL 浪涌吸收器，如 6.8 V 的 P6KE6.8CA 的压力，500 W 的大接收瞬态输出功率，BL 器材则能对较大电流冲击提供可靠抗击力，如电流超过 4000 A；最后，选用正温度系数、恢复稳定的 R1、R2。

（2）PLC 的管理方式。选择性阻断 PC/PPT 电缆，不能使用廉价非阻隔电缆。利用阻隔总线接口可以实现与 PLCRS485 口的连接，再通过 RS485 阻断器或 BH485G 可对变频器、接触屏等与 PLC 联网的第三方器件加以阻断。在这个状况下，无电联络时只会产生一个 RS485 环节，也就不会产生接地环流，就算发生在某个结点附近，其也不至于对别的结点产生影响。

（四）PLC 控制系统故障分布情况

一般而言，为最大限度地延长 PLC 控制器的应用年限，必须先科学预估出现问题的位置，仔细察看哪个部分最易出现问题，以便制定有针对性的保护措施。多数系统中 95% 的故障发生在外部设备上，有 5% 的事故则发生在 PLC 系统中，故在检修系统故障时必须先仔细观察外部设备。在所有 PLC 系统故障中，大约有 10% 属于控制器内部故障，而另外 90% 则发生在 I/O 模块中。

（五）西门子 PLC 控制系统工作原理

当 PLC 还在运行时，其过程可分为三大步骤：首先是 PLC 进入数据采集工作。在此过程中，PLC 将会以扫描的形式对数据信息、输入情况等予以读出，而当读出数据采集操作完毕后，客户程序会执行与输入/输出相关的刷新。其次是 PLC 客户程序运行。PLC 在运行期间会以梯形的模型自上而下地执行过程扫描，并在梯形的每层中又执行由左往右的扫描，之后可经过计算得出结论，并且手动进行刷新以找到 RAM

储存中相应的数值，之后再找到在 I/O 映像区中相应的位置，最终产生所要运行的指令。最后是 PLC 刷新输出。所谓刷新输入/输出，也就是 PLC 的真正输入与输出。在用户运行后的过程中，PLC 的 CPU 会先找到数据信息相应的 I/O 映像，接着再经过输入/输出锁存系统，最后把指令传入相应的机器中，并执行其指令。

（六）西门子 PLC 控制系统故障处理措施

1. 第一层 PLC 控制系统外设故障

确定了第一级问题后，就可以通过 PLC 的输入/输出指示灯进一步确定。第一级问题形式大致有这样几类：电源、接触器的问题；阀门、闸片等的问题；开关故障，如限位开关、远控转换开关等；接线盒、连接端子的问题；传感器、万用表等故障；电源、地线、数据接收器等的干扰。对上述几个问题进行检查，如果找到了问题根源，应及早制定对策。PLC 控制器在进行外设故障排除时，首先要从设备的安全回路开始排除，因为机械设备的电路控制着整个生产工艺，而机械设备的每个组成部分都离不开安全回路，所以首先要对机械设备的安全回路加以检查，以确定有没有存在故障。

2. 第二层 PLC 控制器故障

首先，必须把 PLC 的运行程序设定为在线监视状态，用梯形图显示出某一线路入/出状况，如用软触点图显示不同的色彩表示处于不同状况。例如，绿色显示通，而无色则显示程序不通。其次，进一步查找输入/输出器件。一旦将输入与输出信息被发送至第二层控制台，就必须查找输入与输出器件，如果发现它处在接通状态，则表示输入与输出信息都已从系统的寄存器内产生。而如果输入或输出的某一接口已经损坏，则必须使用冗余接口，对程序稍加修改，以使其恢复工作状态。

3. 第三层 PLC 故障分析

第三层的故障主要是根据故障存在现状来诊断的，因为控制器里面的集成电路实际上是单片机控制系统或嵌入式单片机系统。当某组 8 个分路均出现故障时，很可能是由锁存器硬件芯片失效引起的；而如果 32 个分路均发生故障情况时，则很有可能性是由于解码控制单元部门出现了重大事故，这时需要对所有分路和所有部件仔细检查，以排除故障发生原因，如果需要，还可以换装一个全新的译码方式芯片。判断控制器 CPU 是否存在问题，也是诊断第三层 PLC 故障原因时不容忽视的一个部分。①要使原始用户控制程序完全消失，须将 CPU 主板上的镍氢电池拔出，然后用短程线路接到 CPU 正负极上，并进行短接放电，这样，用户编程就会消失；②连接好镍氢电池，可通过程序设计语句把仅有的几个用户语句送入 CPU 中，切断所有的 I/O 控制和扫描等功能，使 CPU 冷态运行。当冷态运行出现故障后，对 CPU 内的全部硬件设备进行重新测试，即从 PLC 工作的原始点出发，一点一滴地进行寻找、排除问题。当冷态运行正常后，表示计算机工作正常，没有出现问题，这时就必须使用编译器重新加载用户程序，把软件和硬件区别开来，一步步找出问题根源。

（七）西门子 S7-300 PLC 系统问题的处理

1. S7-300 系列的西门子程序应用软件死机现象的解决措施

首先将 PLC 断电并再次修复，若该现象仍然存在，则必须将存储卡拿起来并对其重新送电，若现象仍然未消失则表示编程软件出现问题，必须先将程序备份，检查其是否和 PLC 编程一致，然后清空 OB1，重新编译并下载程序，以确定有无出现硬件组态故障。

2. 进行西门子数据块试验

首先确定要测试的数据区域，然后在确定菜单中选择 CompareBlocks，可以测试出数据与程序是否一致。另外，在修改程序以前，如果结果不相符，操作系统也会出现错误提示。如果没有被调用的数据块，编程软件会自动跟踪，但是在右下方的监视状态中，可能会没有进度条。

3. 设计西门子总线时应做好相关工作

在设计西门子总线系统时要先做一个子站，然后再做整个网络系统，在调试系统的整个过程中还须把接地线网络连接起来，以避免损坏电子元器件。西门子 PLC 控制器偶尔会监控不上，这或许和波特率设计的失败有关，此时就必须更换编程软件。

控制系统自身就是一套完善的体系，所以在研究问题或解决故障问题时也要重视其整体性，而单纯地通过对某部件的优化有时无法改善控制系统的总体特性。如果过于追求电子元器件的准确度，而不顾及控制系统实际的要求以及其与相应装置精准的配合，系统成本可能就会提高。日常维修中也有过将控制系统越改越复杂的情况，如通过繁杂的管理方法和装置来完成原本可以用简易设备来完成的控制系统，就违反了经济、简便、适用的准则，并可能会提高控制系统的故障率，这也是需要重视的地方。

四、PLC 操作理论及其在电气自动化煤化工领域的运用

PLC 电子系统中使用的触媒器件能将常规的触媒电源转变为辅助电源，能为实现程序控制的智能化打下基础。在实际工业生产流程中，PLC 技术凭借优异的抗干扰能力以及简便而快捷的操作性，在实际工业化生产中已使用得十分普遍。而 PLC 操作方法在我国电气自动化煤化工制造流程中的运用也更加广泛，并取得了一些进展，这对我国电气自动化煤化工领域的研究开发具有关键性意义。

（一）电气自动化煤化工领域中 PLC 的运用

煤化工产业是化工行业中的支柱产业。煤化工产品主要是指运用煤炭资源这一自然资源，利用各种化学工艺手段和机械工艺技术方法，对煤炭资源进行加工处理而制造的产品，包括烯烃、煤炭等基本产品。现代煤化工技术不但带动了中国其他地区化工行业的发展，为基础行业的生产发展提供了基础资源，而且还有效地拓展了煤炭资

源作为燃料以外的用途，开拓了中国化工行业的主要产品类型，推动了中国其他产业的生产发展。

随着 PLC 工艺的日益完善以及 PLC 在中国传统制造业中的进一步普及，现阶段，传统工艺以及产品正逐步从人工机械过渡到半机械化和自动化的全过程制造，这为提高中国工业产值水平做出了巨大贡献。同时，PLC 工作原理在电气自动化煤化工领域中的运用也是煤化工领域的趋势，根据煤化工领域中产品制造的各种作业特点及作业过程，在实际制造流程中，煤化工领域所要求的基本设备数量较多，对基础设备的智能化控制的需求也较大，所以 PLC 工作原理在煤化工领域中的运用对提高整个行业的产值和质量都具有很大意义。

现阶段，PLC 技术日益发展，在不同领域中的运用范围也在日益扩大，如汽车数控系统、公路交通控制系统、中央空调、电子工业中的应用。PLC 产品的逐步加入大大提高了这些领域的制造效率和产品品质，为促进制造业增值及中小企业的发展做出了巨大贡献。针对 PLC 设备在煤化工领域中的广泛应用，在煤化工的具体生产流程中，大量的电子设备来管控化工业生产的过程和原料处理过程是必要的。煤化工的产品本身具有一些风险，易造成高危的物质泄露或者引发电气爆炸等安全事故，所以在运用 PLC 技术提高煤化工的生产效率和产品品质的过程中，要注意对其安全的把握。根据煤化工生产过程的有关流程与安全方面的要求，在运用 PLC 技术进行生产流程的自动控制过程中，还必须做好相应的人员控制以及一些安全措施，以防止在实际的生产过程中突发安全事故。

（二）PLC 的工作原理

PLC 从其结构来看是一种复杂的电子系统，其核心部分就是内置的高度可编程的储存器。内存的可编辑特性为 PLC 技术达到高度智能化并实现各种自动运算指令提供了物质基础。而在实际使用的工作流程中，PLC 基本的应用过程都比较简单，和一般的程序运行、反馈过程大体一致，主要分为以下三部分。

1. 输入采样原理

在信号采集工作过程中，其工作主要是信息收集和工作状况的判断，信息的记录在 PLC 电子系统中一般是通过扫描仪，采用扫描记录信息的方式进行的。当收集了各种数据以后，PLC 会把这些资料数据存入指定单位内。在采集过程中，因为 PLC 记录各种数据的主要手段是信号扫描，所以受扫描机自身操作特性的影响，人们必须控制数据类型，而对于某些特定数据类型，如脉冲数据等，则要求严格控制其数据长度，以防止数据不能记录的情况出现。

2. 用户程序执行阶段

用户程序运行阶段是整个 PLC 编程运行的关键。当进入采集阶段后，PLC 控制系统会针对记录的数量自行判别，从而选择与数据及实际工作状况相吻合的编程。在启动以及控制程序运行的过程中，PLC 控制系统能通过直接扫描显示所有程序阶梯图，并能通过扫描电镜按照既定的扫描显示次序对所有程序的阶梯图形直接扫描显示。当全面确定程序并触发触媒控制器后，PLC 控制系统会自行更换控制系统内所有逻辑线路，并以此完成控制程序的启动。

3. 输出刷新阶段

在输入/输出刷新阶段，PLC 控制系统主要会通过系统存储器中刷新的数量和相应的系统状况的数据信息，由 CPU 直接输出相应的集成电路驱动外设，以实现真正的程序输入/输出及运行目标。

（三）PLC 的基本原理在电气自动化煤化工领域的运用

电气自动化煤化工在实际生产过程中所采用的设备和检测装置类型都更加多样，功能也更加强劲，因此相比于常规的煤化工生产工艺，电气自动化煤化工技术更加依赖 PLC 的运用。在现阶段的电气自动化煤化工企业中，PLC 操作原理主要运用于如下场景。

1. PLC 技术能减轻控制系统工作压力

现阶段，电气自动化煤化工行业产量控制系统中的控制设备模块已相对集中，煤化工行业生产的各部门工作内容均由同一种控制设备全权负责，在这种工作管理模式下，对控制设备的性能及各方面产品技术指标无疑提出了更高的要求。但同时，这种功能集中度较高的控制设备模块也具有一些弊端，如在某些特定情形下，控制设备无法承担较复杂的产量工作任务，甚至可能会产生一定纰漏或出错，从而直接影响煤化工行业的产品品质和工业生产效果。在电气自动化煤化工制造流程中，加入 PLC 能够分区域地根据各个 PLC 控制系统中的编译程序，对整个控制系统的工作做一个简化和分解，以便进一步降低控制设备的工作压力，保证制造品质。

2. PLC 技术在漏电保护系统中的应用

目前，线路控制装置的设计中主要利用绝缘电流来改变线路整定值，从而促使继电器重新开始工作，然后继电器再对电源总闸管实现手动断开，进而对线路电流加以补偿，最后由零序电抗器来抑制剩余工作电流。在一般的漏电防护体系中，采用的各元器件通常是分开的，以方便电流产生时使用。PLC 能够帮助设备更合理地评估电路状态，从而在电闸完全闭合的瞬间关闭整个电流传导回路，并在合闸完成后，待整个回路保持稳定时完成控制工作。在这样的操作情况下，PLC 技术具有了传统漏电防护技术所不具有的特点。

3. PLC 技术在风机调控中的应用

风机可以给煤化工制造过程带来更洁净的压缩空气，能为创造煤化工产品所需要的工业生产条件做出贡献。在现实的煤化工生产流程中，各个生产阶段对发电风机的速度存在着特殊要求。所以，为了改变发电风机的运行风力，使风速与风压满足各个生产阶段的需要，以 PLC 技术为主导的电气智能化系统取代了传统的恒速风机，并利用单片机迅速完成数据命令的接收和转换，进而对煤化工制造过程进行智能化的发电风机控制。

电气自动化煤化工产品是现阶段中国煤化工产业的重点发展方向，而 PLC 技术能够促进对煤化工生产中的电气自动化控制系统进行优化，以提高其工作性能，并丰富控制系统中各组成部分的功能。现阶段，PLC 技术因其高度的可靠性和灵敏度，在电气自动化煤化工生产中运用普遍，其中包括控制器的优化，泄漏防护控制系统的运用，在风机控制、运行控制系统中的运用，等等，对提高我国煤化工生产效率和产品品质具有重要的意义。未来，中国经济与社会持续发展，在各产业对煤化工产品需求量不断增加的背景下，进一步发挥 PLC 技术在电气自动化煤化工制造中的应用，以优化电气自动化煤化工制造系统，进而有效提高煤化工的制造效率和产品品质，是必然的。

五、PLC 可编程控制器及其在工业的应用

PLC 可编程控制器是一种先进的测控设备，它和计算机科学的发展是分不开的。由于技术的提高，PLC 可编程控制器也在不断地发展创新。它在控制方面表现出的巨大作用引起了行业的重视，特别是在制造业方面，PLC 可编程控制器为实现其智能化制造发挥了不小的作用。

PLC 可编程控制器，在最初的发展阶段，它的存在只是为了克服传统继电器功能上的缺陷。但随着科技的发展，其作用更加突出，发展到今日已具备了相当多重要的功能，所以其名字也产生了改变，也就有了如今的可编程继电器一说。

（一）PLC 的工作原理

PLC 的主要作用的发挥是要依附各种硬件的功能的，其所提供的仅仅是一种指令转换的功能。整个 PLC 工作流程大致分为三个阶段，首先，由 PLC 对所有输入/输出的指令进行采样，而这些都是由 PLC 的 CPU 进行的，它将会对各个从输入端传递来的指令进行扫描，并将它们转换成的数据信息储存到寄存器中。其次，PLC 的程序执行阶段。在这一阶段中，CPU 将按照用户在工作过程中所包含的命令来进行具体的数据信息读取和数字操作，从而得到最后的操作结果。最后，PLC 的输入/输出阶段。当 CPU 根据指示进行了一系列的处理并得到一定结果后，CPU 就会把寄存器内的数字信息通过一定的形式传递到可以驱动的外部装置，以完成一定的任务。PLC 的控制流程是一种周而复始的流程，当完成了一项输入/输出的数据处理任务后，PLC 就会自动连接到下一次的处理，然后再循环上述的三个步骤。

（二）PLC 可编程控制器在工业生产领域的应用

由于 PLC 技术的日益完善，目前国内外对于 PLC 的使用已十分普遍，工业产品的生产制造水平也随着 PLC 的使用而得到了相应的提高。在实际使用过程中，对其使用的情况主要分为以下六类。①开关量的逻辑控制，这是 PLC 中最基本的功能，如对产品的工艺流程控制等；②模拟量的控制，在这里主要涉及对温度、压力、电流、液

位等模拟物理量的控制；③机械操作控制，主要是控制各种类型的机械设备进行直线运动，甚至是圆周运动；④过程控制，过程控制在冶金和化学工业中的使用相当广泛，是一个对模拟数的闭环控制；⑤大数据分析，它具备数学计算的能力，可以在外部设备的支持下完成信息的收集、分类和处理；⑥通信和互联，它和网络信息技术的发达是密不可分的，是 PLC 越来越智能的一种体现。

1. PLC 是一种电器控制器

从某种意义上讲，PLC 也是一种电器控制器，可被用于实现电气控制，由电器与线路所组成。PLC 的基本原理仍然是通过计算机程序来处理各种信息。当 PLC 被运用到工业的生产控制时，它要处理的信息主要源于外部传感器的测量结果和关联到控制器上的机器所自动生成的信息，这部分数据在通过 PLC 的处理后再送往外界，体现在工业产品上就是各类电动机以及电磁阀等受控装置的运行数据。

例如，在水务行业的给水过程中，供水母管的电压会经由外部信号传递至 PLC 控制系统中的变频调压设备上，在系统对信息进行处理后，电机的电压速率会按照系统的指示进行调节，水泵对电机速度也进行了相应改变，以此实现系统对供水量的调控，从而保证供给水压达到稳定程度。再如，PLC 可以用来检测蓄洪池内的水位问题。在蓄水池内会设置最高水位和最低水位警戒值，当位于池内的监测设备检测到水位超过或是接近警戒线后，系统便会把这些数据传递给 PLC，PLC 接受了这些信息后会通过内部软件的判断产生相应的警告指令，外界人员收到指令后就可以对情况做出处置了。

2. PLC 的全光网络

全光网络技术是 PLC 在工业生产领域中的发展，虽然目前这种技术仍处在初期阶段，但是它早已实现的工业生产成就却证实了其巨大的发展前景。全光网络技术代表着在 PLC 中，信号的传递速度和转换速率将会越来越快。它的最大优点就是其超强的数据处理能力，对大规模的工业生产而言，全光网络系统必将是其未来大力发展的方向。虽然全光网络比起传统的通过电信号实现消息传递的网络系统更灵活、更开放，也更安全，但是这种科学技术的发展趋势还需要相关工作者进行不断的探讨和实验。

不管是从计算机技术的发展方面还是各企业的产品规模等角度来看，PLC 可编程控制器的技术在未来都会得到较大的发展。其在制造业中的运用将更加成熟，给工业带来的好处将会越来越多。

六、PLC 的控制理论研究及其在电气自动化控制中的运用

（一）PLC 的控制原理及优点

1. PLC 的控制原理

（1）输入采集阶段。在数据输入收集阶段，PLC 以扫描方式顺序读取各种输入/

输出的状况和数值信息，并把它们存入 I/O 映像区中的适当的单位内。在数据输入收集完成后，就进入了用户编程的运行和输出刷新阶段。在这两个阶段中，即便输入状态和资料数据会发生变化，在 I/O 映像区中的相关单位的状况和数量没有变化。所以，假定数据信息输入为脉冲信号，那么该脉冲信号的持续时间应当等于每次扫描数据的时间，这样才能保证在所有情况下，该数据信息入口输入的信息都能被正确读取。

（2）用户程序执行阶段。在用户程序执行阶段，PLC 控制器始终按照从上至下的先后顺序随机扫描用户进程（梯形图）。当数码扫描每个梯状图程序时，它都会首先采用数字化方式扫描阶梯图形左边的由各个触点构成的监控回路，接着再依照先左后右、先上后下的次序，对各触点所构成的监控回路执行逻辑动作，最后再依据逻辑动作的效果，刷新该逻辑触点在系统 RAM 内存区的相应地址状况，或是展现其输入/输出线圈在 I/O 映像区中的相应部位的情况，或决定是不是需要运行该梯状图所要求的其他操作指令。

（3）输出刷新阶段。在扫描用户程序完成后，PLC 将进行数字刷新。在此期间，CPU 会根据 I/O 映像区内相应位置的信息刷新全部的数据，然后再由输入/输出线路启动相应的外部设备。这才是 PLC 控制器的真实输入/输出。

相同的若干条阶梯图，其编排顺序不同，完成的结果也就有所不同。另外，利用扫描用户程序产生的执行结果与继电器抑制装置的硬逻辑并行程序产生的结果也有所不同。

2. PLC 的优点

（1）PLC 产品必须具备相当好的可靠性和稳定性，并具有很强的抗干扰能力。

（2）PLC 系统拥有较为齐全的功能。目前，PLC 产品的类型十分丰富，能够使工程自动化的重点需求得到实现，同时还具备比较完善的数值计算和逻辑处理功能。

（3）由于 PLC 设计消耗的能源相对较少，因此小型化的 PLC 通常较小，电流会被限制在 100 mm 范围以内，同时负载电流也会被限制在 130 g 以内。

（4）PLC 技术的语言程序设计非常简单，由于 PLC 技术属于工业自动化计算机，其语言程序设计比较简洁。它所使用的语言主要是梯状的编程语言，能够使相关人员不必为了学习复杂的编程语言而花费大量时间和资金。

（二）PLC 在电气自动化控制中的运用

1. PLC 技术中的变桨距风力机控制

变桨距控制方法是系统控制的重要形式之一，其运行机理一般是利用加大桨距角的方法调速，从而降低系统旋转的效率。改变桨叶系统的运行原理是电磁控制器中最重要的控制模块，以液压装置为传动中的最重要媒介，能够有效改变桨叶运行的圆周率，进而使桨叶系统完成改变桨距的运行任务。在其工作过程中，当气流风速变化较大时，叶片上所接受的风速值将逐步减小，而风轮直径上的旋转电阻值则始终维持在适当的范围内，此原理为变桨距风力机的控制方法奠定了合理的基础。

2. PLC 技术的其他有效运用

（1）逻辑量控制方式与数量的限制。传统 PLC 工程开发的工作流程还存在着一些逻辑量的管理方式。运用控制器方法大大精简了烦琐的项目程序，同时也提高了解决问题的效率。由于对 PLC 技术的完善和革新，PLC 被广泛应用于逻辑控制器和指令编程系统，并进行了电路分支和串并联的功能优化处理。

（2）PLC 的设计应用功能。在大型工业风电控制系统生产建设的过程中，对 PLC 设计的应用功能能够进行直接应用、循环运用和过程管理，并通过对运用过程的结果进行有效管理，能实现设计的合理性。在软件创新设计的过程中，其最主要的设计工作都是在 PLC 设计平台上进行的，而组态的 PLC 硬件设计、制作和控制系统的编辑工作则是通过 PLC 的逻辑编程完成的。

（3）PLC 系统的闭环控制。针对闭环控制方法来说，在系统工作的过程中主要采取对过程的控制，会对系统工作时的温度、频率和电流等进行闭环的控制和管理，这一技术也被广泛应用于石化、发电和冶金等工业生产应用领域。

（4）数值的处理与分析。在风能管理系统方案设计的过程中，借助 PLC 技术能够进行合理的数学运算，其计算技术主要涉及整体算法、浮点运算和逻辑运算等项目，并能利用 PLC 进行数据处理与存取，从而科学地建立风能管理系统。

3. PLC 控制器的抗干扰系统设置

（1）隔离措施。PLC 芯片可以通过光电耦合器、光电可控硅等方式实现与外部大开关量信息的隔离，输入/输出模块的信息隔离也可以通过电光耦合方式进行，这样不但可以减少外界干扰，而且能够保持 CPU 的功能，从而减少外界大电流对系统所产生的影响。同时，可以利用使用长线的方式将 PLC 的输入端子信号引入，也可以利用小型继电器将其隔开，从而减少干扰。PLC 的串行通信线路的外围器件也可使用具有光电耦合器的通信接口或使用光缆来实现抗干扰。

（2）电源措施。开关电源的影响源一般来自输出功率大小不一的发电或用电装置。假如 PLC 所使用的电源为交流电，那么它的输入端口就必须使用隔离式变压器和带有屏蔽层的低通滤波器，才能满足开关电源的抗干扰要求，同时保证与屏蔽层的良好连接，从而提升系统工作的安全性。

（3）PLC 输出的措施。在 PLC 的输入/输出模组中，小型继电器开关的触点设计比较复杂，且断弧工作能力不强，一旦直接接到直流或 220 V 的开关电源上就很容易发生故障，因此要使用 PLC 来驱动这些继电器开关，以便驱动外界负载。

（4）安装与布线措施。PLC 设置的接线方法：PLC 在设置时必须避免强干扰源，常见的强干扰源有大型动力设备、可控硅设备等；而在安装柜上配置完 PLC 设备以后，不能同时设置高压电器；与 PLC 配置在同一安装箱中的感性单元间应安装 RC 消弧电路或采用串联方式相连；输入/输出线之间要区分相关数据与模拟量，模拟量之间要使用屏蔽线。

综上所述，在科技高速发展的带动下，信息化技术水平不断提高，大型集成电路技术水平也得到提升，PLC 技术在电气智能化中的运用更加普遍。在此趋势下，电气智能化水平获得了较大程度的提高，由此带动了电气智能化产业的迅速发展。PLC 技术有着独特的优点，既简单灵活、安全性较高，在电气智能化中的运用相对较多，发展趋势好，不但能够大大提高电气智能化程度，而且可以保证电气智能化管理的实效性。利用并网型电动机的迅速发展来进行风力发电技术的有效运用，并在此基础上形成科学合理的风能发电体系，能使风能发电技术得以被可持续地有效利用。把 PLC 控制器视为系统运行中的基本内容，可为风电电气智能化管理的运用提供有效的保证。

第三节　PLC 教学改革与措施

一、PLC 一体化教学改造

对 PLC 教学实行彻底的改造已经势在必行。PLC 研究是一个新的研究领域，其在过去的教学过程中存在很多问题，如将理论与实践分离；在新的条件下，忽略考虑 PLC 专业化的差异；教学过程中教学目标不明确；教学内容不规范；等等。而随着时间的变化，在这个发展飞速的时代，优化西门子 PLC 教学才能为经济发展提供更适合的人才，也能确保 PLC 教学课程一体化和教学的全面性。PLC 是一种高智能化设备，目前已经在机械制造业中获得了普遍使用。通过控制数据的输入或输出，PLC 可以完成根据逻辑顺序排列、计算数据处理、计时等任务，然后再通过输入/输出端口将结果输入或输出。PLC 具有优良的使用性能，这使得它的实际使用已成为必然。PLC 控制技术是高校机械学科的重点课题，机械专业的学生都需要了解 PLC 控制技术。而要掌握 PLC 控制技术，学生就必须将理论与实践相结合。PLC 控制在学校机械专业课程中的教学方法变革就必须沿着这个方向来开展。

（一）一体化教学模式概述

1. 一体化教学模式的内涵

一体化教学模式表现为将课程对象、内容、方法和课程设计有效结合起来，在专业课程中形成丰富的、完善的知识内容学习体系，教师可以根据自己的教育实践进行补充。随着社会对人才需求的变化，教学内容也需要及时更新。随着社会发展，当前，西门子 PLC 教学的任务是形成一个全面的课程，并确定有效的教学方法。这样的课程一体化资源也可以说是一种综合教学系统，教师能够从中获取课程所必需的教学资源，同时也能够自行完成课程的创新增删等。

2. 一体化教学模式的特点

与其他教学模式不同，一体化教学模式有其自身的特点。第一，要实现 PLC 教材的整合。一体化教学模式首先要优化内容。第二，PLC 的研究要能够深入实际，技术方面的研究虽然十分关键，但唯有与实际应用相结合，符合市场需求的人才才能被培养出来。一体化教学法的重要出发点是解决理论和实践如何紧密结合的问题，这与一体化教学法在结构上的实践相一致。学生在学习理论的过程中应采取切实可行的实践操作，这让理论研究与实践相结合在一体化教学中非常重要。第三，一体化教学模式可以整合不同的教学资源，实现高质量的教学。它建立了一个高效、实时、最新的教学系统，并充分利用了所有资源。第四，一体化教学模式需要满足企业的需求，将企业岗位职能的具体要求加入教学中，促进了教材和就业需求的整合，促进了更有针对性的人力资源的开发，满足了企业对人才的需求。

（二）对 PLC 进行一体化教学改造的必要性

PLC 技术应用是一门逻辑思维能力要求极强、专业知识要求全面、技术应用广泛的技术学科，具有多变性、综合性、典型性、实用性的特点。目前，PLC 技术在国内已被应用于钢铁、油田化学、医疗、发电、车辆、卸载以及环保等各行各业。在中小型单机电气控制系统、工业自动化、运动控制系统、全过程工业自动化系统等应用领域，相关人员必须掌握系统的工程方案设计、现场装配调试以及日常维修管理等实际技术。

PLC 技术应用课程在基础理论教学和实践技能培养等领域亟待变革，PLC 技术应用课程教学的一体化模式也势在必行。

一体化教学方法能确保每位学生在各个教育项目中都能做到教师的理论指导与学生的实践相结合。在一体化教学课程中，教师能充分调动学生的学习主动性。PLC 技术能为学生走向社会、拓宽就业平台奠定基础。

1. 当前 PLC 一体化教学中存在的问题

现阶段，教师越来越重视不同学科的一体化教学模式，PLC 的课程教学也不例外。实践表明，一体化的教学模式是非常有效的，但 PLC 一体化教学还存在一些问题，如课程内容不够详细完整，有时甚至不能满足现代教育的需要，而且每门课程的具体目标也不够明确。目前的 PLC 课程采用的并非最新的教学形式，教师的教学思维十分落后，不能有效调动课堂气氛，教学过程缺乏创新的教学方法，这直接影响了一体化教学模式在 PLC 教学中的作用。在传统的 PLC 控制技术教学方法中，教师通常会把教学分割为理论教学和实践课程两方面，实行理论和实践相互脱离的教育，这会导致理论教育和实践课程的严重脱节，学生也因此无法掌握好理论知识，继而影响操作训练。这种教学模式下的教学质量低下，对学生的知识水平也没有实际的提升。而 PLC 控制的教学方法要求大量的程序训练，最后达到通过用户程序实现自动控制的教学目的。一般在 PLC 课程中，可通过按键和指示灯来模拟 PLC 的输入量和输出量，完成几个基本的模拟实验和系统模拟实验。但在具体使用时常常要求完成软硬件组合模式的设置，因为没有实践场地，导致其具体使用水平无法体现，学生学习的积极性无法被激发，更无法培养创造力。

2. PLC 一体化教学是为了满足社会对人才的需要

现代社会需要高素质的专业人才，要求技术人才拥有足够的知识储备。理论知识充足，实操基本熟练，综合能力强，这样的专业人才才会受到企业的欢迎。因此，针对现在的状况，迫切需要进行对 PLC 课程的一体化教学改造，以使其适应社会的发展。

（三）如何进行 PLC 一体化教学改造

1. 合理安排 PLC 教学内容

有些学校的 PLC 教学内容课程设计不合理，学生的课程安排不能具体到个人，并且没有合适的机制来测试学生的自主学习能力。在一体化教学模式下，课程内容不再局限于学习教材或教师指导，而是教师要提出一些与教学内容相关的问题进行探讨，学生需要在教师的有效指导下进行实践研究，从而使整个课程合理化。这不仅包括实践研究与教材内容的紧密联系，而且包括提高当前 PLC 技术应用的有效性。

2. PLC 一体化教学改造的具体实施方法

PLC 课程涵盖许多学科，其中大部分之间具有相关的知识联系。在具体的教学上，教师需要特别注意课程的一体化教学，同时强调一体化课程的具体步骤，而这些步骤中包括了解释课程的目的与具体内容，具体的学习形式，如小组讨论或课堂讨论以及相关的交流、总结和评价。

3. 建立与 PLC 教学应用配套的一体化教学评价系统

对教育教学来说，完善的教学评价体系是十分重要的，它可以有效地检查教学过程中的情况，对教学活动提出有益的评价。要完善相应的 PLC 教学评价一体化体系，在制定评价体系的过程中，应结合企业用人单位的要求以及行业的用人标准来进行，这样有利于学生的职业生涯发展。

4. 教学一体化的教学场地现代化

一体化教学场所是理论与实践的结合，可以保证学生在学中做、在做中学。一体化教学场地——教学室，要求具备足够的电脑，配套的局域网络教学平台，配套的三菱 FX 系列 PLC 机，模拟的各个单元的模板，如交通灯、洗衣机、带传感器的传送带系统模板，以便学生操作接线的配套电工工具、电源线、万用表等。同时，保证教师现场授课后，学生可立马进行操作，如上升沿、下降沿等基本指令的学习，这样，在课堂上学生听得似懂非懂，上机一操作，立马就理解了。教师在讲解每个指令的概念时，学生需要在电脑同步动手操作，其会立马明白并掌握，将理论知识通过现场操作加以理解、掌握。在学习中，学生也会学会举一反三，理论和技能相互交叉，这有利于提高学生的思维能力、动手能力，使学生对学习 PLC 兴趣倍增。

5. 教学一体化的教学空间组织的合理化

在传统的教学中，学生一般需要在每学期同时开展四、五门学科的学习，开设的学科每天或每周交叉进行，实践知识点只能等统一的实训周突击操作来学习。知识点的连贯性只有少数理解能力较好、文化素质较强的学生可以接受，学生的文化素质层次不同，这就造成学生因知识点的实践练习没有连续性而感到困惑，甚至失去学习这门课的兴趣。

一体化教学则采用时间较短的学习。课程通常设置在一个上午（4 节课）或一天（6 节课），既在空间上维持一致性，也在时间上维持一致性。在一体化课程中介绍完应知问题后，教师应给出具体案例和实际程序的设计思路，然后让学生通过教师的指导完成上机程序、连线安装系统、调试实际程序的步骤，从而使学生自己完成对比、总结。学生如果成功完成了任务，则掌握了知识，有了成就感，能够受到教师的表扬。如果学生未能独立完成，教师再对其进行指导，帮助其找出问题所在，并一起修改程序，这使学生在解决问题的同时还能巩固所学的知识，发现更多的编程方法。

6. 教学一体化的师资高水平化

教学一体化模式对教师的素质提出了更高的要求，教师必须是既有扎实全面的理论知识又有解决实际问题的能力的双师型教师。学校可通过"走出去，请进来"的方式充实师资。一方面，教师走出去接触企业能获取新的技术信息，提高自身的技术水平。另一方面，聘请相关的专业技术人员做技术辅导，学校就能整合社会资源，以更好地指导、促进以学生就业为导向的教学实施。

每学期教师均可开设以企业生产实践项目为中心的开放实践课程，以吸引对其有浓厚兴趣的学生。同时，教师对完成较好的项目应对其加以指导，并鼓励学生开展更高层次的 PLC 比赛项目。学校应给予获奖学生和指导获奖学生的教师相应的奖金，以激励教师授课的积极性，从而增强教师和学生之间的合作关系以及学生的学习兴趣，使得"教、学、做"一体化教学水平不断得到提高。

7. 教学一体化的应知应会的考核机制

合理的考核可以调动学生的积极性。理论知识考试可结合在实操中，实操考试则可以在任意课程中进行。学生平时的听课质量、出勤率、完成工作记录等内容，以及安装接线规范、程序设计技术、事故消除速度快慢、创新能力等内容也可以成为考试的重点内容，该方法是测试学生对 PLC 技术熟悉程度的有效手段。

在学校教学过程中，培养学生实际操作技能、训练学生创新精神的途径多种多样。一体化课程是一种新的教学模式，必须对其进行探讨和尝试，以使之充分达到理论知识教育和实践课程教学的有机整合，以及技能训练与职业岗位深度结合的要求，达到教学目的，促进学生职业意识的形成。

（四）PLC 教学机型的选择

怎样让 PLC 课程适应各个产业的需求，是目前在教学中所遇到的主要问题。由于各个机型 PLC 的区别较大，而高校的 PLC 课程通常只教单个型号，因此，PLC 教学机型的选择与产品的市场占有率直接相关。以笔者所在地区为例，前几年三菱的 PLC 占有率一直较高，而近年来企业使用西门子 PLC 的居多，所以怎样在单个型号的 PLC 课程中贯穿不同的机型，使学生对其有充分了解，是当前教学中遇到的主要问题。甚至，同一个厂商的产品也在不断更新。以西门子为例，过去的 PLC 课程一般都以 S7-200 为例，不过此机型已自 2017 年 10 月 1 日起开始步入退市阶段。因此，PLC 课程又遇到了重新挑选机型的问题。下面将以西门子的不同机型为例，阐述在课程中对型号的对比选择。

1. 西门子不同型号的 PLC 对比

（1）S7-200 和 S7-200SMART。S7-200SMART 是 S7-200 的更新换代型号，它们的指令、程序结构、设备类型、存储方式和控制方式基本一样。但 S7-200SMART 的标准型 CPU 上只有一条 RS-485 连接，添加了一条以太网连接，能够直接与 S7 协议通信，并具有完全开放的通信能力。其 CPU 上集成的 I/O 数量有 20、30、40、60 点；而紧凑型 CPU 则有 RS-485 连接，其他软硬件功能和 S7-200 相当。而 S7-200SMART 的程序软件仅为 200 多 MB，而且用户界面设计良好，十分好用。当前，教师教授 PLC 课程使用的主要机型是 S7-200，如果讲解 S7-200 中对于现有装置的简单维护，那么也可以利用已有的实验装置介绍 S7-200SMART。而如果继续讲授 S7-200，则建议同时简单讲述 S7-200SMART。如果要回答有关实验装置的基本问题，则 S7-200SMART 比较好用。

（2）S7-300/400。S7-300/400 属于大中型 PLC 产品，在工厂中被普遍采用。不过由于其掌握难度大，所以学生了解起来相当麻烦，而且测试仪器也比较昂贵，因此选择 S7-300/400 有困难。另外，由于 S7-200 与 S7-300/400 之间的价格差距较大，在开设 S7-200 之后再开设 S7-300/400 会比较麻烦。另外，就目前的教学趋势来看，S7-300/400 正在逐渐被 S7-1200/1500 替代，所以不推荐学生直接选择 300/400 的教学机器。

（3）S7-1200/1500。S7-1200/1500 是西门子的新款 PLC，软件系统平台为 TIA 博途，而 TIA 博途也是整合了 PLC、HMI 和驱动装置等的软件系统，并且 STEP7 专业版也支持 S7-1200/1500。又因为此型号是目前西门子的主推型号，所以建议有条件的院校可以把 S7-1200 用作 PLC 课程的首选型号。

2. 主推型号 PLC 的优点

（1）S7-300/400/1200 具有先进的应用程序架构，但它的多功能块（FB）的静态数据和背景信息块克服了使用和存储内部信息的困难，从而彻底解决了模块的可移植性问题，学习 S7-1200 将有助于学生掌握更先进的结构式程序设计方法。

（2）S7-1200 有极高的性价比。S7-1200 的功能超过了 S7-300，其太网接口功能更强大，但价格比 S7-300 低得多，因此 S7-1200 的性价比极高。S7-1200 的主要程序设计语言包括了 LAD、FBD 和 SCL，SCL（结构化控制语言）是采用 PASCAL 的高级编程语言。另外，TIA 博途软件使用的是多窗口设计，功能简单直观，使用方便，容易入门。

（3）学习 S7-1200 为学习 S7-1500 奠定了基础。S7-1200 和 S7-1500 之间除硬件差异很大外，S7-1200 也就是缩小版本的 S7-1500。它们的编写软件、程序结构、设备类型、命令、通信、监控系统和故障诊断方式等都完全一致并兼容。学生如果学会了 S7-1200，再学习 S7-1500 也就简单了。

（五）对 PLC 教学的一些建议

1. 强调基础知识

尽管 PLC 的规格有所不同，但不管何种规格的 PLC，其本质都是一致的。例如，PLC 数制、编号、数据类型、系统存储区、程序结构等是 PLC 程序设计与使用的基础知识，教师除了简单讲解上述内容外，还可以在课堂教学过程中结合案例不断向学生强调上述知识。

2. 强调教学重点

（1）指令教学。不同系列 PLC 的指令系统表面看起来有很多差异，其实很多指令的功能都一样，主要是显示上的差异。教师讲课的重点是讲清楚常用指令的基本功能，因为计算机中所有编程语言的指令都有共同之处。学生学习了一个 PLC 的指令后，再掌握其他 PLC 的指令也就容易了。

（2）用户程序结构。各种型号的机型，其用户程序数据结构也是有区别的，因此不管哪个类型的 PLC，其都需要通过实例来认识和熟悉其程序数据结构。以西门子为例，在进行 FC、FB 的中断程序的创建与调整过程中，学生要掌握背景数据块的作用，同时还要掌握 FC 与 FB 之间的区别、选择原则、多重背景等。

（3）排序管理的方式。采用的顺序功能图的排序管理方法简单易懂，适用于任何复杂的系统，功能的调整、更改与阅读也都非常简单，一般可以通过一次测试完成。三菱的 PLC 和西门子 S7-300/400/1500 都采用了顺序控制的程序，而其他类型的 PLC 也采用置位和复位指令的顺序控制程序方式。

3. 使用多样的教学手段

（1）多媒体教学。教师可以用投影仪展示 PLC 程序设计软件和模拟软件的主要功能和使用流程，教学的关键就是演示软件的运用，如系统和网络组态、功能和过程的制作、使用、测试与跟踪、故障诊断、帮助软件的实际应用等。教师要熟练地运用软件，要能指导学生利用实训课程和模拟实践自己动手练习。

（2）组态程序教学。对受控的模拟 PLC 中的用户程序的模拟调试，要在适当的时候给出适当的反馈信息，这实际上是使用者的大脑正在模仿受控环境的操作。所以，如果模拟测试中的反馈信息无法真正地反映现实控制系统的工作状态，这样的程序调试就是无效的。按比例缩小的物理模型（例如电梯和生产线）通常价格不菲，而且极易发生故障，有的实验设备甚至只是固定的屏幕和一些指示灯，因此可以采用模拟的方式。模拟程序是学生自学和动手的有力手段。以西门子通信系统为例，教师为学生模拟 S7-1200 的环境，这使学生不需要任何硬件，就能够操作和测试用户程序。

模拟、录像、动画、PPT 和各种教学资源都是支持教师教学的有力手段，但是最后教学所要求的是学生能切实完成任务，这就必须有现实条件来保证这些任务的实现。PLC 教育过程遵循由浅入深的原则，学生必须从 PLC 连线动作开始进入，才有机会掌握各种指令作用。对学生而言，动手能力才是其应该掌握的基础能力，所以教师可以从动手能力出发培养学生分析问题、解决实际问题的能力。

该专业学生在实训环节中，能通过机床的液压气动控制系统研究、继电控制系统方案设计研究和 PLC 的管理工作，结合并应用 PLC 管理、水力与气动系统控制、计算机及电气管理方面的综合控制技术，实现对计算机的综合控制系统的设计研究。学校应组建 PLC 研究队伍，引导学生参加对机电一体化装置的技术改造，并鼓励教师参与省、市、院级横向科研课题。如此，教师就能够培养学生在处理较复杂的实际课题方面的综合能力，以及他们在应用所学理论知识处理具体工作方面的能力和创新能力。在实施一体化教育的实践中，教师也采用了多种方法。运用这些方法，可以有效地实现一体化教育，如任务驱动教学法。任务驱动教学法即在课堂教学的过程中，学生在教师的指导下，紧紧围绕着某个共性的课题实践活动的核心目标，在课题需求的推动下，通过对知识信息的积极主动利用，形成自由探究和相互合作的方式，从而在实现既定目标的同时，也带动学生创建一种知识的传播方式。例如，把 PLC 结合电力拖动分成几个模块，再根据模块不断完善理论知识，能使学生学得清楚明白。

综上所述，不管何种类型的 PLC，学生都必须在完成接线的基础上学会对操作任务的分析和程序调试，并且只有独立进行操作任务分析后方可完成符合要求的编程工作。在每项操作任务下达时，学生都必须仔细分析并讨论其运行流程，在充分讨论的基础上划分出合理的 I/O。操作任务结束后的程序调试过程是知识的总结阶段，整个过程的实现不可能一次性完成，怎样找到问题并解决问题，这是考验学生基本功的过程，也是 PLC 课程必须完成的基础工作。

二、改革 PLC 教学　培育创新型人才

（一）PLC 教学的基本内容

1. PLC 教学的发展背景

随着中国市场的发展和科技水平的不断提高，其机械制造业发展也一直处于相对平稳阶段，但是产品领域的竞争却是相当激烈的，尤其是在产品领域中的创新工作和保护工作上。使用之前的继电器系统开展研发工作的过程，需要的时间是相当多的，同时，以往的继电器系统在自我保养和保护工作上的难度也是相当大的。在中国当前的市场蓬勃发展的新时期，以往的继电器系统已无法适应现代社会的实际工作需要，

因此，自动控制设备开始逐步成为重点研究装置。美国公司在 20 世纪中期后，在一些规模相当大的企业开始引入 PLC，以便不断地适应社会的发展需要，实现企业效益的最大化。目前，PLC 在美国工业中已变成十分关键的应用功能和重要组成部分。

2. PLC 教学的目标

PLC 课程的教育意义与特色主要是在具体的实践性课程中加以体现的。当前，由于中国的机械制造业发展迅速，所以电气控制技能教育所运用的范围也是相当广泛的，主要是在企业的生产活动中以及其他方面。在学校开展电气控制等教学过程中，最重要的是，教师要对马达等机械器具进行讲解，然后再对 PLC 相关设计理念与原则予以较完整的讲解。教学重点是提高学生对电气控制技能的熟悉程度与运用能力，同时也要进一步增强学生的综合学习能力。

3. PLC 教学改革基础

研究 PLC 课程可以较好地看到当前高校在实施 PLC 教学的过程中，大多还是采用单一的教学方法，这导致实践性课程短缺，使实践与理论教学出现很大的配比失衡现象。许多高校都是理论课偏多，这让学生的实践技能严重不足，学生的理论知识基础相对扎实，可是在理论的运用上却出现不少困难。对教师与学生来说，实践教学能够把理论教学与实践运用加以有效融合，所以，学生若没有较好的机会开展有关理论知识的实践，PLC 的教学也会受到较大的负面影响。因此，有必要对 PLC 教学进行相应的教学改革。

（二）PLC 教学存在的主要问题

1. 教学内容与课时的问题

PLC 的一些硬件设计是类似于微型电脑的设计，因此，PLC 知识的实用性和更新速度都是需要学生掌握的。而由于 PLC 专业的综合性很强，会涉及机械基础和数控技术等专业课程，所以，教师必须根据 PLC 课堂的教学实际情况加以适当安排，并做好教学过程的组织工作。在具体的教学实践中，由于受客观因素的干扰与约束，教学理论与课堂实践间的矛盾是存在的。

2. 实践内容与教学实验资源的问题

由于 PLC 的理论教学特征和实践特征都是非常明显的，所以，必须确定软件与硬件之间的结合特性，保持其统一。与此同时，又因为 PLC 的实践教学内容较多，其仍存在着一些不足之处。在具体的实践教学过程中，也需要对程序设计实践加大应用力度，虽然其控制对象之间存在差异，但是其编程与实际的设计思想却是统一的，所以教师需要持续地开展综合程序设计训练，以提高学生的综合程序设计能力。

（三）关于 PLC 教学改革与培育创新型人才的方法研究

1. 对实践教学与课程实习进行改革

对学习 PLC 的学生来说，实践性课程是其最主要的培训内容，是学校开展学科教育的主要环节，也是实现学生知识水平与实际能力提高的主要环节，对学生的实践能力与综合素养都有相当大的影响。PLC 的实践性教学重点是实践和课程设计等环节。

（1）保证实践教学的一体化。要保证实践教学的一体化，教师需要持续地做好实验教学的管理工作，从而进一步提升学校对实践教学的关注度，以此实现 PLC 教学从理论迈向实践的进步。对 PLC 实验室的学生来说，在完成 PLC 实验装置添置工作的同时，同样也要完成相应的 PLC 软件系统和变频器、接触屏及其功能电气柜部件的安装。PLC 实验室主要用为学生开展对道路交通信息的管理与控制的教学活动，开展机械臂的安全管理培训课程，并且开展对电梯的控制系统教学，学生需要根据毕业设计要求和项目进行毕业设计等。与此同时，它也是学生开展课题实践活动的重要场所。另外，PLC 实验室中，教师可以较好地开展机械工程教育和信息管理专业教育，因而它是学生创造实践和进行实际应用的重要场所，对高校开展创新型人才培养而言具有较稳定的物质环境基础。任课教师对 PLC 课程而言，重要性非比寻常。任课教师如果同时开展实践项目的教育与对学生完成实践任务的指导，可以较好地促进课程与实践相吻合；实验教学一般是按照以学生为主、任课教师为辅的教育核心原则来进行的，但要想提高实验的最终成效性，教师就需要通过对实验流程的严格控制来完成；而实验教学内容也需要进一步细分，重点包括了实践性教学内容与设计性教学内容。设计性试验一般是通过学生的设计进行模拟控制的，如机械臂模拟控制表现为学生通过思考提出方案并实现控制，并利用指示灯模拟来体现，再通过对 I/O 接线图的描绘以及相关顺序功能图形的编制，明确梯状图，最后实现上机调试。不过，由于学校之间的政策不同，学校的设计试验成果也具有一定差异。此方式可以提高学生的设计创新能力以及实验创新能力，从而提高学生学习的积极性。对教师来说，其必须在整个实验的流程中，做好对学生的科学指导，以确保通过 PLC 的应用实现发电机的正确运转并确保运转的质量。一旦有熔断器故障的情况出现时，教师要引导学生及时对它们做出正确、系统的反思与研究，进而提高学生研究问题的水平，使其能针对故障的情况做出逻辑性的分析，针对出现的故障问题制定出相应的解决办法。PLC 控制端的交流器通常会发生与常闭辅助接点电气的互锁，或者发生在梯形图上的切换过程的延时。教师要通过这种情况提高学生的验证意识，引发他们对电气 Y-D 转换控制的思考，从而增强他们对该过程的感受，提高其日后的学习效率。

（2）加强 PLC 课程实习。就工科课程来说，合理的教学实践是提高学生实验水平和提高教学质量的关键手段。但是，在具体的教学课程中，教师还需要进一步强化学生对 PLC 的实际应用。因此，笔者在"铣床的 PLC 模拟控制"的课程中，在学习前面的模拟装置的基础上，先完成了基本知识的教学，然后根据电气控制屏的电极芯片的主要信息，逐步完成了相应平面图的描绘，并对电极片的有关数据进行完整的录入，再通过课堂上对仪表的讲述以及对常用低压配电柜知识的讲解，能使学生逐步完成仪表的操作，并且逐步完成 I/O 接线图的描绘，从而提高输入/输出控制图的描绘效率。同时，再利用对复杂电气控制回路的设计，使其主要使用 PLC 梯形图显示，然后再转入 PLC 的实验室，完成对该系统的指示灯测试和相应的模拟工作。在完成了测试操作后，待其试验通过后，学生可自行实践，一般是根据设计完成接线图的相关测绘与作业布置，待教师检查完是否符合要求后再进行接线的布置。教师务必在进行布线前，对二次布线的要求和标准做出系统说明，并严格要求学生按照布线的操作核心进行布线，以提高布线的便利性和美观度。而且，要想提高连接的质量以及各器件的操作安全性，就务必严格按照连接的三个阶段实施。第一，在进行了 24 V 直流与输入电路的连接工作后必须进行通电，并对 PLC 的指示灯工作状态进行检测；第二，检查无误后进行输入与输出电路的连接，在同样完成了检测工作后进行交流异步电的连接工作；第三，只有在接触器的工作情况稳定后，才能完成输入/输出电路与交流异步电的连接工作，再对主轴电机完成相应的模拟操作，以确保其正常工作；第四，要从学生的接线工艺能力和对问题的解决情况、学生的报告质量等方面对学生实验成果进行评价。带队教师在学生完成实践的过程中，可以帮助学生提高其实践与学习任务质量，从而使自己的授课目标得以具体实现。

2. 将教学与项目实践紧密结合

就工科课程来说，工程设计以及相应的设计都是十分关键的，所以，非常有必要提高学生的工程设计水平，不断加强他们解决问题能力的训练，以提高他们的创新能力和自学能力，使他们可以充分接受设计基本训练的教育。第一，必须提高学生对工程设计的积极性，慎重做好课程选题的决定。教师应根据课程设置的实用性要求，将工程设计的主要优势加以突出。课程设置对学生毕业后的实习具有必要的基础性，教师可以通过对学生进行短时间的训练，使他们能有效完成对知识的掌握与学习。第二，学校的设计大多是利用软硬件间的整合加以完成的。这种教学方式可以提高学生对知识的实践能力，对学生的创造力也有一定的效果，同时也让学生解决问题的能力有相应的提高。学生在开展工程项目毕业设计时，要把企业的实际技术与理论、企业的设备技术加以运用，从而提高设计的科学性与实用性提高自己对技术的运用能力。

3. 不断完善教学质量考核机制

就 PLC 课程教育来说，以往的课程主要是通过卷面考评的形式完成课堂教学目标和对学生的学习效果的考评的，所以它有着一定的缺陷。因此，学校在开展实践性教育活动的进程中，有必要引入教学实践考核制度和教师考评制度。就学生的学习成绩而言，教师的考评管理具有关键性意义，所以教师务必要谨慎对待对学生的考评开展，以进一步提高考评管理的客观性和公正性，保证学生在教学活动的进程中可以独立解决问题与开展各项实际工作，从而不断地提升他们自己的课堂学习综合水平。在进行评价时，教师不应单纯地根据卷面分数做出判断，而必须结合课堂教学活动中的每位学生的学习档案，能根据他们的实际情况做出整体的调查与评价，以做好每位学生的评价管理工作。另外，教师务必对学生的创新能力和实践能力等进行全面的考察，以保证评估的全面性与完整性。

4. 努力开辟课堂空间

因为 PLC 教学的实际操作性很强，所以，仅传授理论的教学方法是不恰当的。在实际的课程中，教师还需要在传授理论知识的同时，进一步增加实践内容，以提升学生的学习积极性。教师还应该通过加强教学控制目标的设计，进一步提高实践课程的趣味性和知识性，进一步增强学生的动手能力和动脑意识，让他们能够独立地完成设计方案和软件的编写。同时，教师还需要进行课堂空间的拓展、课堂内容的扩充、实验项目的增加。学校与企业可联合组织实践活动，以提高学生知识的具体性和目标性。同时，还要对学生 PLC 操作进行追踪与指导，以提高学生解决问题的主动性，提高课程的品质与效果。

总之，因为 PLC 教学属于工科课程中的专业课程，所以，教师务必提高对 PLC 教学改革的认识，并不断地完善与创新教学方法。在具体的教育改革进程中，学校必须以内容和特点为依据，结合教学内容，进一步补充基础知识和实验内容，以便全面提高学生的学习效率和其对专业知识的把握水平，从而实现对学生实际技能的培养，并实现对创新型人才的培育。

三、任务驱动教学法在学校 PLC 课程中的运用

以往的 PLC 课程中，教师总是给学生讲解简单枯燥的机械电器基础知识。教师在课堂活动中占主体地位，忽略了学生对技术的掌握以及独立思考、动脑、创造等基本意识的养成。因此，学生在课堂上缺乏学习主动性，不能全身心投入课堂学习中，也就很难掌握机械知识，毕业后也不能适应市场的发展要求。因此，这就需要教师在课堂中采取灵活多样的方式，将课堂任务交给学生，以充分调动他们的学习积极性，并充分训练他们的主动学习能力以及应用知识处理现实问题的技能，以激发他们学好 PLC 的兴趣与主动性。而任务驱动教学方式尤其适合 PLC 专业的教学。

（一）任务驱动教学法的含义

所谓任务驱动教学法，即在教学的过程中，教师紧紧围绕某个共同的目标，在强大的问题动力的促使下，通过对知识信息的积极主动运用，实现独立探究与相互合作的教学，从而在达成既定目标的同时，也带动学生形成一种合作认知的意识的教学活动。它在教育的过程中能充分发挥学生的主体作用，提高他们掌握知识的自主性。

（二）PLC 应用技术的教学现状

1. 理论+实践

"理论+实践"的教学模式是将理论知识与实践分离，在课堂进行基础理论的介绍，在实验室完成编程与电路安装。理论课重点为进行基础指令、功能指令、编程方式的介绍分析。实验教学内容主要是对编程软件的各个功能进行操作、PLC 外围电路

的设置和程序调试等。这些教学方式的理论课程与实验课程的脱节、实验教学相对落后，不利于学生对 PLC 技术的掌握与使用，也不利于发挥学生的主动性与创造力。

2. 理实一体化

当前，高校普遍采取理实一体化的教学模式。该模式把基础理论课与实践教学结合起来，会在介绍基本理论知识的同时用实践对基础理论知识进行检验。这种教学模式能够把基础理论知识与实践更深入的结合，能使抽象的理论与知识更加鲜活生动，也能够提高学生对 PLC 的学习兴趣，促进他们对知识点的掌握与巩固。

3. 以项目为导向

项目化的教学模式可以训练学生的专业意识，培养他们的职业技能。实践性教育过程也是 PLC 应用技能教学的主要部分，在实施案例式教学的过程中，一个问题可能有多种不同的解决方案，每位学生都能够发挥自己的创造性。在进行活动的过程中，他们的积极性也将有所提高。

（三）任务驱动教学法的步骤

1. 创设情境，设计任务

教师应提供给学生与当前的目标有关的、尽可能现实的教学场景，让学生带着真实的"任务"进行学习。为此，笔者对课程进行了重新梳理，将课程模块细化为三大基础教学项目及 11 个子任务，各个项目均由基础概念以及与其相应的一些实用案例构成，结构紧凑，更接近于生产的实际使用。每节课，教师会先给出一至若干项任务，让学生分析并探索如何完成，学生应按照要求分组给出方案，方案应包括分几个步骤来完成任务等。例如，在介绍 PLC 的计数器命令前，教师应先介绍街边店铺里闪亮的彩灯以引起学生的注意，然后再引出问题，并设置四盏彩灯"欢""迎""光""临"闪烁的 PLC 程序：①"欢""迎""光""临"的四盏彩灯，上面依次接有 Q0.0、Q0.1、Q0.2、Q0.3，SB1、SB2 依次是开始和终止的；②按下启动开关 SB1，若系统中有电，则含有"欢"字的指示灯先亮；延时一秒后，含有"迎"字的指示灯点亮；延时一秒后，含有"光"字的指示灯点亮；延时一秒后，含有"临"字的指示灯亮；③当四盏彩灯全点亮后，再延时一秒，四盏彩灯全熄灭，又延时一秒后，再顺序循环点亮；④按下停止按键，则系统暂停。

2. 引导学生，分析任务

在此过程中，教师将居于主导地位，而学生则居于主体地位。所以教师既不必着急给学生介绍各项任务，也不必让学生立即去做各项任务，否则就返回到传统的教学方法了。这时，教师以引导学生为主，也可以对其适当启发，指导学生研讨问题、分解各项任务。教师应引导每位学生进行讨论分析，列出行动计划，指出具体问题，并让每位学生进行充分的发言，这样学生就能带着问题按计划地去做各项任务，并知道为了完成任务必须先怎么做，接着做什么，最后做哪些。

3. 合作探究，完成任务

工作目标通过讨论确定后，学生应按照自己的目标顺利地执行工作。为完成工作，学生可分成小组进行协作讨论。教师要积极倡导学生主动探究、讨论，利用各种思想的交锋，调整、改进当前的解决方案。学生在遇到困难后，可向教师求助，也可利用手机、平板电脑或书籍查找解决方案。教师不要简单地告知他们解决方法，而是应指导他们处理这种问题要查阅哪种材料、在哪里得到相应的新材料，从而充分发挥他们的独立思考能力和提高他们的创造力，提升他们学习的积极性。在完成任务的过程中，学生能更积极、更深入地激活自身的已有知识与能力，将新的知识和旧的知识相互整合，从而完成知识和能力的全面转化。学生也能够从各个角度认识问题，找到不同的途径去解决问题，拓宽视野，进而对事物形成全新的认识。

4. 评估总结，任务评价

评价一方面是教师对学生学习效果的总结，另一方面也会对学生的学习产生引导、促进作用。教师对学生学习效果的评定应尽量以表扬为主，打分则只是参考，并以此方法来激发学生的潜能。学生可利用经验自我总结，或者使用小表格等方法进行互评。教师总结评选出良好的做法，使学生能在今后的学习过程中学以致用，同时，引导学生反思任务中存在的问题，以及需要关注的事项。测评主要从两个方面综合进行，一是学生知识面与专业技能的掌握情况；二是培养学生的创造思维能力与自主研究合作意识。

（四）教学中应注意的问题

任务驱动教学法是以学生为主体，教师要做好任务切换，避免学生"着新鞋，走旧路"的教学模式。采用任务驱动法实施 PLC 课程，其设计目标必须充分以学生为核心。由于学生是学习的主体，每位学生的学习能力不同，因此，教师要因材施教，使每一位学生的技能都获得全面的开发，让学生的能力与素养得以共同培养，以进一步提高课堂教学的质量。

（五）以项目为导向教学的实施

1. 教学项目的选定

在以课题为指导的课堂教学活动中，教师既要着力培养学生对知识的了解能力，也要强化其对其实践操作技能的培训。所以，在选取教育课题的过程中，教师要整体考察、全方位研究、准确选择，教育课题既要能激发学生的兴趣、主动性，又要能充分调动他们的想象力、创造性。例如，"简易四层楼梯"的课题便是一个非常好的教育课题。首先，课题取自社会，而且能被广泛应用于学校生活，所以这种形式的教育课题能够引起学生的学习兴趣，从而激发他们的学习主动性。其次，有很多种方法能够完成对楼梯的各种控制：三相电机的正反转、直流电机的正反转、步进电机的正反转等。学生还能够通过自身对设备资料、PLC 命令等的掌握情况自主选定控制方法。

此外，学生还能够针对楼梯的具体运行状态，设置对楼梯的各种控制，例如，对楼梯的启动、闭锁，对楼梯的上位机控制操作等。而这种形式的课程项目避开了过去简单、死板的教育方式，能够充分培养学生的发散思维，激发他们的创造性。

2. 教学过程的设计和实施

通过项目化的教学，教师要注重指导学生了解项目的具体执行过程，如项目前期市场调研、提供项目实施计划、提出系统部件列表、绘制出电路图、写出控制程序并通过测试，最终完成控制系统的所有工作等。在项目化教育的最后阶段，不能出现"教师讲解，学生学习"的单向方式，教师在介绍了项目的控制方案以后，学生就可以分组讨论项目方案，各小组可派代表走上讲台对项目实施方案进行讲解讨论，学生也可以对不同的项目实施方案展开讨论，最后在教师的指导下完成全部工作。学生在沟通的过程中，不同的创意想法、实现方法可能会产生冲突，但是这一方面能够培养他们的沟通技巧、团队合作意识，另一方面也能够训练他们的创新、研发意识。

项目化教学模式通常包括以下学习环节。

（1）任务引入。在学校开展课程任务导入活动时，学校教师可通过视频介绍、动画展示、模型展示等方法引入课程任务。在有条件的学校中，教师还可引导学生参与工业生产，让学生亲自感受 PLC 在制造业自动化领域中的实际使用场景。教师可按照学生对 PLC 命令的掌握情况把教学任务细分成若干任务模块，任务模块可从简单到复杂，重点分析旧知识点，并能根据任务的困难程度介绍新的知识点。介绍教育项目任务内容时，教师可通过边讲述边发问的方法，吸引学生的注意力，进而充分调动学生的学习热情。

（2）分组讨论。教师应把学生分为若干学习小组，项目组之间可进行信息搜集、比较研究，按照方案的条件和已有资料给出可行性方案，出具方案执行简报。

（3）研究实施方案。教师应将有代表性的方案用 PPT 加以介绍，教师与学生一起参加讨论活动，在探讨的过程中，教师可指导学生寻找有效的实施方案。

（4）项目管理。教师应组织内部分工协作，按照制订的工程方案，列出电气部件清单、绘制集成电路图纸、布置设计线路、撰写控制程序和上机测试。

一种有效的教学方法的实施，需要有完善的硬件设备和优秀的软件环境。教师在授课时要准备好项目执行过程中必须使用的相关硬件器材。任课教师既要掌握坚实的理论知识基础，也要具备丰富的项目经验。在为学生制订教育项目与实施方案的过程中，指导教师应侧重采用激发式、引领式的方法，充分调动学生的积极性与创造力。应用性是 PLC 教学最大的特点，但是这一特点常常会在教学中被忽略。企业自动化产品要建立复杂的控制器，它里面包括了机械、电、气、水等功能，因此不同的产品需要对控制器做出不同的规定。教师要在 PLC 课程基础上将电机、液压以及计算机方面的专业知识与 PLC 知识紧密结合，并建立一个有实际意义的应用项目。例如，气动装置控制系统、电力自动门控制系统、手动电梯控制系统这些项目的设计与实施，可让学生在实践中受到训练，使他们把学到的理论知识运用到这些工作中，从而达到较好的学习效果。

此外，学校还应该让学生做简单的机械装置，使学生能够建立一个有效的控制系统。在学生进行毕业设计的过程中，教师必须要求学生完成 PLC 程序设计、模拟测试，也可以让其绘制出计算机连接图，并完成连线、测试、操作，同时也可以让其对其中出现的技术问题做出系统分析、处理。同时，教师要多让学生进行项目的开发，使学生在教师的指导下完成项目，使学生充分利用自己的思考来完成创新，使其具备更加强大的综合能力。

3. 对学生成绩的评定

PLC 课程具有很强的实践性，所以只学会书本上的理论知识是没有实际意义的。学生要积极地参与实践课，在实践和实验中更好地领悟 PLC 技术，进而不断提升和强化自己，掌握更多的 PLC 技术，从根本上领悟这门课程。所以，对于教师来说，首先，其应该增加实验数量，加强课程的实践环节，要使自己的讲义和实践相结合，编写适当的内容来引导学生学好这门科目。其次，加大设备的投入，使学生有机会锻炼动手能力，同时还应该采取综合的考核方式来对学生进行测试，这样可以使学生得到全方位的检测，使学生注重实践学习。有效、系统的评价手段是学校课题化课程优点得以发挥的重要保证。而对于学生学习成果的考核，学校不仅要考核其对 PLC 编程方法的掌握情况，而且还要考核其对 PLC 的实践应用水平。因此，笔者一般把项目成绩管理分成过程考核和成果考核，会针对课题小组在任务执行过程中的实际成绩以及正在进行的实际工作状态进行评价与考核。而成绩管理还可分成以下几部分：项目成绩管理=项目过程考核成绩×50%+项目结果成绩×40%+项目试验报告成果成绩×10%+项目创新加分项。创新加分项是指学校在课题执行的过程中，为了激励学生选择更为创新的方法、更为完善的实现措施而给予的激励。这样的评价方法可以全面、真实地评价学生对 PLC 技能的掌握情况。

当前，PLC 技术已被广泛应用到各行各业，而高校对 PLC 专业的教学关系到中国制造业工业自动化人才的培训质量。因此，高等教育需要顺应新时代的发展步伐，勇于进行教学改革创新，为国家培育优秀的工业自动化人才，为实现中华民族伟大复兴做出应有的努力。

第二章　PLC教学策略

第一节　项目教学法在 PLC 教学中的运用

一、项目教学法在 PLC 教学中的运用

PLC 课程教学中使用项目教学法充分体现了以学生为主体的教育理念，有利于充分调动学生的学习兴趣，培养学生的自主思维。笔者根据教学实际情况，就怎样在学校 PLC 教学中运用项目教学法展开研究，以有效培养学生的学习兴趣，提升课堂教学质量。

（一）传统教学模式的缺点

一般教学方法首先是理论教学，接着再进入实践阶段；首先是继电器控制教学，接着是 PLC 教学。其一，在理论教学阶段中，教师多采用口头介绍和解释结构图或原理图的方式，教学内容较为抽象，这无法使学生建立清晰的认识，也无法使其将理论知识与生产实践相结合。课后，教师布置的练习也以书面作业为主，没有实际操作的作业，因而不能训练学生的实际操作技能。其二，实习课常常落后于理论知识的教学，在时间上无法匹配。学生理论知识学习的基础还不够扎实，再经过一段时间，学生都已经把理论知识忘记了，这时再开展实践训练，也就无法用理论知识来进行实践，所以理论知识与实践往往就脱节了，效果也就不理想了。

根据以上情况，教师应在课程上实行继电器控制与 PLC 紧密结合的案例课程，采用基础知识与能力培养一体化的教学方法，同时将继电器控制系统与 PLC 相结合，基础课程也进行结合，将继电器控制系统与 PLC 对应教学，以让教学活动形成工作流程，培养学生的技能意识。

（二）项目教学法的定义

项目教学法是教师共同进行一项完整的"项目"工作时所开展的教学活动，即以工程项目带动课堂。学生可以在教师的引导下跟进某个项目的整个过程，在此过程中，其能逐渐掌握学习方法，并掌握一定的专业技能。学生可完整或部分地完成一个项目。项目教学法能够很好地把理论知识与实际工作融合到一起，是典型的以学生为主体的研讨式教学。项目教学法强调教师应把理论与实践工作相结合，把知识与方法运用在具体工作中，并指导学生自主完成任务。教师在授课过程中主要发挥指导者的功能，为学生讲解疑难问题，让他们通过实际操作比较全面地掌握 PLC 的学习内容，这样有利于学生对重难点内容的了解，对学生的创造力和问题处理技能的训练也有很大的帮助。学生在自己独立完成课题后会调动自学的主动性，提高基础知识与实践技能相结合的综合应用能力，培养创造力，适应当今社会对 PLC 课程的人才需求。

（三）项目教学法在 PLC 教学中的运用情况和趋势

可编程控制器应用技能的课程目标，在理论方面要求学生"了解可编程控制器的基本原理、可编程控制器及其在工业电气设备控制中所运用的知识"；专业技能方面，"在中等层次要求学生会使用、配置可编程控制器，会编制程序，在高阶段要求学生会使用可编程控制器改造继电器系统，在技师阶段要求学生会设计和模拟调试 PLC 控制系统"。另外，目前的工作岗位要求团队合作，团队精神也是用人单位需要员工必须具备的基本素质，因此，"培养具有团结合作精神的优秀劳动者和专业技能人员"也是重要的培养目标。

PLC 应用技能的课程要点是"PLC 硬件接线，PLC 基础命令、步进顺控命令及应用，控制系统配置、测试和维护功能"，课程难点是"PLC 高级命令及应用、特殊功能模块、模拟量和位置功能"。PLC 是以计算机为内核的通用自动控制设备，已被应用于工程控制领域。PLC 课程是一门实用性很强的专业课程，具有指令数量多、理论内容抽象、程序设计思路复杂、实用性很强等特征，因此学生在掌握 PLC 时往往感觉内容抽象，枯燥无味，且不易听懂。在教育过程中，教师通过引入项目课程，可以让学生在项目实施过程中逐步了解 PLC 课程中的基础知识，提升 PLC 操作技能水平，实现学做合一，理实合一，最后实现培训技能型人员的目标。

项目教学法是把 PLC 课程中的理论知识与教学内容转变为多个课程建设项目，根据建设项目开展并进行教学，让学生通过参加建设项目整体过程的一项教学模式。在项目教学中，教学过程作为一项人人参加的创新实验活动，其关注的并非最终成果，而是实现项目管理的整个过程。

项目教学法的优势在于任何一项课题都是一种具体实践的研究课题，因此，教师必须充分考虑现场的项目可能出现的情况。课题开展前，教师应组织开展必要的授课和讲座，以让学生了解必要的知识，然后设计工作目标，让学生必须在规定学时内完成课题设计、仪器连接、应用程序设计、下载安装、系统测试、问题解决等。

为了培养学生的兴趣爱好，教师还可以根据实际生活经验和工程的现场实践由浅入深地将 PLC 使用技能课程内容由易到难设置为若干项目，在各个项目里逐步添加新的指令或新的知识点。

在初级阶段，教师可设置 PLC 的认识、基本命令系统及编程环境下的应用、手工/半自动控制手段、发电机的正反转、Y-△降压启动、三条输送带的顺序控制、卸料小车控制系统、道路交通信号灯控制等项目。

在中级阶段，教师可设置普通步进指令编程、流程图 SFC 程序设计方法、控制系统的程序设计思路、继电控制电路改造、控制系统构成与能源、立体汽车控制系统、PLC 的量控变频器、控制系统及报警功能的实用等项目。

在高级阶段，教师可设置高级指令程序、特定软件模块集成的应用、PLC 通信监控智能变频器、群控电梯、PLC 接触屏智能变频器综合系统、PLC 控制器维护等工程项目。

教师可以将三个阶段可以分别布置于三个学期，并在潜移默化中增加学生对 PLC 使用技能的了解。

（四）项目教学法必须具备的条件

项目教学法是以达到现实或虚拟中的项目目标为目的，并使学生迅速掌握职业技能的方法。这也就对课堂、教学活动设施，以及教师的课堂思想和方法提出了很高的要求。在 PLC 专业学习上，针对毕业生的特点和职业趋势，开展项目教学法教学需要符合以下要求。

1. 教材中项目的有效性

项目的设计应当满足学生的职业期望，要涵盖所有课程并尽可能地融入各门课程的知识点；项目的难易程度应适当调整，要让学生在当前发展水平的基础上，通过适当努力就可以实现；要将不同技能项目进行重复练习，使学生做到熟能生巧。

2. 教学设备的配套性

学校要为学生构建模拟的工作环境，就必须要为学生准备够用的工作设备，并营造开展工作活动的氛围，让学生在实际教学过程中实现对专业知识的构建，从而有效培养其职业创新能力。

3. 教师的学科素质与教学实践能力的完整性

传统课程是根据专业系统进行的，教师只讲授专业知识和技术，而不用顾及其在专业任务中的位置与功能。而这种任务导向的项目教学法建立了以工作为主线、教师为主导、学生为主体的基本模式，需要教师在每个项目过程中对学生进行询问、引导和解疑，因此，教师需要有较完整的学科知识和课程知识，具备丰富的实践经验，以便将基本知识点融会贯通和进行必要的综合。

4. 教师指导过程的开放性

在全新的教学方式中，教师的角色也出现了变化，从原有的讲授者变为对学生进行意义建构的帮助者、推动者，并负责学校整体课程的设计与组织。所以，教师应引领整个课堂过程由可控课堂向自主课堂、构建学习演变，并形成切实有效的评估制度，在开放教学过程中更好地承担起教学职能。

（五）项目教学法应用中面临的现实问题

项目教学法的积极作用是显而易见的，但是在实际开展活动中却出现了许多的问题：①教师面对很大的压力，要有较高的理论知识水准和实践能力；②教学内容不合适。目前的很多教材内容是纯理论性的，具体内容是为教师的教学设计的，较为深奥，不利于学生自主掌握；③学生素质不一，对基础理论的掌握情况也不一致，这对自主学习、完成课程任务造成了障碍；④课程学习的目标对实验的仪器设备有着很多的需求。

（六）运用项目教学法的反思

在 PLC 课程上使用项目教学法，取得成功的关键在于把握以下两个方面。

1. 调动学生的学习积极性，培养学生的社会参与能力

（1）注意引导，抓住每位学生的特点。为了充分调动学生学习的积极性，教师在选取教学内容时，要注意贴近现实生活中可以看到的事物，以引起学生的学习积极性。

（2）巧用功能练习，培养学生的实际能力。项目确立后，教师最好先开展一遍该项目，一方面，这可以让学生对该项目有全面认识，以便教师更好地引导学生；另一方面，演示项目可以起到案例作用，提高学生的学习兴趣，让学生能够更积极地参与项目活动。

（3）做好引导工作，让学生获得成就感。例如，个别学生在设定正反转循环次序时不能充分掌握计数器的实际应用方法，当程序开始运行时，其发现程序无法完全按照控制要求进行工作。这时教师并不会直接给学生提供正确答案，而是要求学生自行思考，使其能进行不断调试操作或者主动分析，让学生在经过分析调整之后，达到操作要求。在经过努力，最后完成时，学生能获得成就感。

2. 注重总结交流，使学生真正掌握技巧

项目管理总结既可以在项目管理完成时进行，也可被贯彻于评估过程的整个流程中。教师应帮助学生理顺项目思想，明确项目所训练的具体内容和学习思维方式，研究总结学习策略，找出问题，学会反思。同时，教师还要引导学生对项目内容加以扩展与引申，从而提高学生的思维能力以及利用知识和技巧处理现实问题的能力，使学生更加深入地感受项目管理流程，熟悉更多的专业技巧，提高职业综合应用能力。

项目教学法在 PLC 课程中的运用，有效地激发了学生学习的欲望，使其从消极学习逐渐变为自主学习，并参与整个项目。这样既提高了他们的综合素质，又培养和增强了其综合分析能力、研究课题和解答现实难题的能力。事实证明，项目教学法是 PLC 课堂教学的有效可行的好办法，能有效改善课堂教学。

二、PLC 课程项目教学法的总体设计概述

PLC 课程项目教学法的总体设计，必须包含三方面的内容，即确立设计理念、设定教学目标、确定项目任务。

（一）确立设计理念

在 PLC 教学中，教师使用项目教学法的重点在于确定教学基本思路。对 PLC 教学基本思路的选择直接决定了项目教学的总体设计，从而表现出课题引领的教学目标驱动理念，所以教师必须针对教学项目的具体要求和专业人员岗位能力要求，根据学生所掌握的知识，把 PLC 教学的具体课程分解成若干部分，并按照从易到难的顺序，根据具体课题开展教学实践课程。教师通过引入典型课题中的案例，能把 PLC 教学的基础知识应用于其中，这不仅可以训练学生的动手操作能力，还可以提高他们对 PLC 基础知识的掌握水平，从而促进学生的职业技能的训练与应用。

（二）设定教学目标

课程目标的确立是 PLC 课程实施的起点，同时也是 PLC 教学的终极目标，对教学的进行有着重大作用。PLC 课程教学目标主要包括课程目标与学生技能要求两个方面。课程目标主要要求学生了解 PLC 项目的基本理论，掌握 PLC 的运行基本原理及其编程软件的运用方法，是学生达到技能要求的基本前提，也是学生需要掌握的 PLC 项目中最基本的内容。而技能要求学生掌握 PLC 的基本应用技能，对问题的分析与处理技能，以及结合实际工作的识别问题、分析问题、解决问题的技能。

（三）确定项目任务

项目任务的确立是项目教学的基础。项目任务的确立将直接反映出 PLC 课程教学理念与课程目标。PLC 课程的设计既必须与学校的实际需要相结合，也必须满足专业人员对知识的具体需要和行业对人才培养的具体要求，所以 PLC 教学在确立项目课程任务上必须重视以下几点：第一，知识点的设置不要太难，应该易于学生掌握；第二，课程目标的设置必须遵循由简单到复杂的顺序，遵循学生的认知规律；第三，设定的课程内容必须具备一定的有效性，不但要反映 PLC 教学的理论知识，而且还要有利于学生综合技能的训练。

（四）项目教学法在 PLC 课堂中的具体运用

1. 项目设计

在选择具体的课程前，教师需要根据课程的专业性做好分析，选取与知识点有关的内容，课程的选择也要根据学生的理论知识水平和实际操作水平，让他们不但能有

学习的积极性和兴趣，也能学有成效。PLC 课程中最关键的内容是实践，所以教师必须严格按照行业对专业人才的要求方向展开教学，不但要使学生具备扎实的理论知识根基，而且要求他们具备大量的生产实践经验，还要求他们具备相应的课题研究能力与问题处理技能，以培育综合性强的技能型人才。

2. 项目教学法的实施阶段

作为项目教学法的主体，学生也应该受到重视。在项目教学法的实施过程中，教师也需要重视学生的学习氛围，模拟企业工作场景。教师作为指导者引导学生练习，能确保 PLC 教学的顺利完成。其具体操作步骤包括以下方面：首先，教师需要确定项目教学任务，并将每位学生的掌握状况做出合理分类，让他们初步进行 PLC 控制进度的设定，在他们出现无法处理的问题时会在一旁对其加以引导。其次，学生完成设计工作的汇报后，教师负责对他们所设定的 PLC 控制过程予以检测。在检查的过程中，教师要和学生互动，最关键的是检测有关置位复位命令、离位移位指令、步进指令。最后，便是程序的使用和测试过程，教师让学生分组上机完成作业，自己在一旁予以引导。

3. 项目教学法的评价阶段

项目教学法的考核过程是整个课程教学活动的最后一环，教师必须对课程教学活动中的每个环节加以评价，对反映良好的要予以充分肯定，存在的不足要做出准确的说明，并给予学生相应的建议。在 PLC 的教学活动中，教师不但要充分发挥作用，还要激发学生学习的主动性。

综上所述，通过有关的研究证实，项目教学法在 PLC 课程中的使用很适合当前该专业学生的学习状况。在 PLC 课程中使用项目教学法可以激发学生的学习动机和学习兴趣，既有助于他们掌握 PLC 课程的基础知识，也有利于他们整体职业发展意识的培养，从而扩大他们的知识面，拓宽他们的眼界，培养其创造力。学生在校阶段通过对 PLC 课程基础知识的了解以及在工业生产控制系统中对 PLC 的具体使用，实现了理论知识和实际相结合的课程目标，切实体现了学校培养应用型人才的目的。

三、理论教学和实践相结合的一体化项目教学模式

理实结合的一体化技能教学是当今教学课程改革的目标。它的核心就是以技能的需求作为培养技能要求的出发点，以技能要求的满足为出发点，强调的结果是获取技能而不是获取理论知识。所以，笔者主张在电气控制和 PLC 的课堂教学中，采用理实结合的一体化的教学方法，以做到理论教学与实践相结合。

以下就以三相异步电动机中正反转的电路为例，来介绍如何实施理论与实践相结合的一体化教学方法。这个课题要求学生学会合理运用低压电器，熟悉电机基本控制电路的分析方法及布置、调试与维护，这也是电机拖动学科所要达到的技能目标。其具体流程包括以下几个方面。

（1）资讯。教师应给学生进行实物演示，依次演示以变频器与 PLC 两种方式控制的电动机双重联锁与正反转功能，并以 FLASH 为辅助工具进行演示。

（2）工作时间。学生应从需要完成的任务中获得信息，根据任务目标思考完成任务的途径、需要的知识点和能力，制订出方案和执行任务的流程，这让学生可全面地了解接下来为实现目标自己需要做的事情。

（3）决策。解决学生困难，教师应帮助学生制订最后方案。

（4）实施。教师应对各组作业进行检查，这些内容实践性很强，以能够现场动手作业为主要目的，改变了单纯的说教式课堂。这不同于传统教学方法下的学习过程不但要求学生能完成工作任务，而且还需要其讲究接线的方法，也就是重视对学生的技术培养。这相当于将技术课程与实践融合到了一起，整个课程结构会更加系统化。

（5）检验。由学生检查完成后进行查故排故并提交评价书。"最高超的教育技术，遵循的最大原则便是引导学生提出问题。"所以，在检查的过程中，教师应引导学生发现问题并指导其解决问题。

（6）教学检查和评估活动。教师按照教学任务完成的实际需要以及相应的原则，对教学效果进行描述和评价的活动是课堂各阶段中至关重要的一环。"错误实际上就是获得真理的一种必要过程，由于错误，真理才会被发现。"因此，在规定作业完成后，教师对学生的完成状况以及在作业过程中出现的错误不能过于苛责，应耐心解释，以提高学生的学习积极性，突出标准化作业、安全文明作业的重要性。

第二节　提高 PLC 课程教学的有效实践

一、运用案例教学提高 PLC 教学质量

案例教学法是指教师通过设置现实或虚构中的、具有启发性的教学情境，鼓励学生探讨思考，把握教学知识点，以训练并增强其语言表达技能、逻辑思维能力、分析问题能力的教学模式。在使用案例教学法时，由于 PLC 课堂中可引入的例子有许多，因此教师要善于设置，引导学生反思，并及时展开个案探究，以不断丰富他们的基础知识和提升其操作技能水平。教师将案例教学法应用于 PLC 课堂，可以训练学生思考问题与解析问题的能力，以及培养其将理论联系实际的应用技巧。教师在安排教学任务时，应当充分发挥学生在学习中的主体性，从富有启发性和创造性的情景教育设计中，指导学生找到具体研究课题，并实行小组研讨，这能使学生的思维水平获得进一步提高。

（一）根据学习内容构建功能模块

1. 分析案例程序，归类知识点

在教学实践课程中，笔者把 PLC 的应用指令功能与课程内容相结合，构造了适于课堂教学的程序模块，包括基本功能命令模块、使用功能模块、综合功能模块等。其中，每个常用功能模块还含有语音警报、数据提示、过压保护和过电流保护等模块。

2. 有针对性地筛选案例，构建功能模块

通常情况下，每个职能模块都由 3~5 个案例构成，并能根据由易到难的顺序，由简入繁地逐步提高学生的能力。教师需要使用不同的流程设计指令，也可以添加新学的指令，目的是使学生灵活地运用理论知识和经验，并将理论知识和经验与日常生活知识点有效融合，以便学有所用。

（二）根据学生知识结构设计的案例

结合生产实践设计合理的课堂教学案例的前提，是教师要全面认识和把握学生的知识结构和知识规律。教师设计一些优秀的合理课堂教学案例，能够让学生在练习中豁然开朗。

1. 从日常生活出发，充分调动学生的积极性

案例不仅要紧密结合工业生产实际，最好还要与日常生活紧密结合。以"自动化洗车机"为例，编程包括了洗车机的手动支付功能，洗车机上有五种纸币投币口：5元、10元、20元、50元、100元。当用户的投币金额达到70元或超过70元时（假设一次洗车费用为70元），计算机上的启动灯将亮起，此时全自动洗车机就启动了；而当投币金额低于70元时，则启动灯将会处于熄灭状态，全自动洗车机就不会运作；当投币金额达到70元后，全自动洗车机上的金额显示器将自行指示要退还的数额，同时退币按键也会亮起，当按下退币按键后，金额显示器的数值也将清零。其实，这就和一些超市的自动售货机差不多，学生对此类事物往往不会感到陌生。基础指令教学从学生熟悉的事物入手，可以帮助学生快速掌握知识，也有利于其进一步学习高级指令。

2. 在自信中调动个人潜能

教师选取的优秀项目应当具备科学性与连续性。其中，不仅要有明显的、很强的针对性，还要有强烈的创造性，能在给予学生自信的同时，也调动了他们的内在创造力。下面将以"实现交通信号灯操控"为例，加以说明。

项目任务：要求对所有道路信号灯都设置电子控制系统，以满足包含"红灯停、黄灯闪、绿灯走"的南北走向和东西走向的车辆通行。

在程序设计前，学生需要思考设计思路和步骤，对整体布局的把握要合理细致。教师在做具体要求时，需充分考虑学生的实际情况，遵循从易到难的原则。

初级规定：东西方位绿灯与南北方位绿灯不可同一时间点亮。当南北方位红灯亮

起后，其他方位由红灯亮转为绿灯亮，持续四十五秒钟后闪烁五次，随即熄灭；所有方位的黄指示灯点亮起，约五秒钟后熄灭；同时，南北方位红灯变绿。

进阶要求：当学生满足了初步要求后，教师可以提高难度，如增加信号灯调节功能和夜间行车方向自动调整功能等。

因为所选取的例子为日常生活中较为普通的事情，所以学生掌握起来并没有难度，可以比较轻松地完成案例任务。拓展要求对学生会来说稍微有点难度，但其不会没有头绪，因为教学设计都是以递进式承接的，只要教师教导学生有方、指导正确、设计好了问题，学生的困难也就能迎刃而解。

综上所述，针对 PLC 编程灵活的特性，教师在实践教学中应该引导学生勇于表达创新想法，将自己的观点纳入程序模块的设计中，即使学生不能完全按照实践设计的过程和条件，但只要其能够表现出相应功能的特点，教师也要予以肯定。而为让养成学生良好的模型设计习惯，在进行具体操作时，教师就需要让他们把流程图画出来，使其可以随时对案例的固有观点提出疑问。在不背离课程宗旨的条件下，教师还要给予学生充分的自主发展余地。另外，教师还必须重视项目选取及其对课堂教学的重要作用，包括时间安排和教学内容安排等方面。

（三）典型案例分析

某厂房内共有六个操作台，送料车辆来往其中送料，而每个操作台配备了一个定位开关和一个呼叫按键，其具体控制要求有如下内容。

送料车启动后应能停止在六个操作台的任何一个定位开关的定位上。

设送料车现停止在 m 号操作台（SQm 为 ON）处，这时 n 号操作台呼叫（SQn 为 ON），若 $m>n$，送料车辆左行，向 SQn 移动，到位终止，即送料车所停的 SQ 的编码超过了呼叫按键 SB 的编码后，送料车向左运动到达呼叫地点后会立即停下来。若 $M=n$，代表送料小车原位不移动，即送料车所停地方上 SQ 的编码和呼叫按钮上 SB 的编码一致时，则送料车不动。

案例确定后，对送料车控制要求的分析是完成该案例首先要解决的问题。教师既要注意训练学生分析问题的能力，也要指导学生采用不同方式和途径解决问题。

1. 传送指令 MOV

MOV 指令把源运算数的信息传递至目标元素上，如【S.】→【D.】。

当 X 零为 ON 时，在源运算元【S.】中的位数 K 一百将传递至目标单元 D 十上；如果 X 零为 OFF 且命令不运行，则数据将保持不变。

2. 比较指令 CMP

CMP 命令中有三种运算数：两个源运算元【S1.】和【S2.】，一种目标运算数【D.】，该命令将【S1.】和【S2.】加以对比；能将数据送到【D.】中。

（四）典型案例实施

1. PLC 硬件设计

（1）I/O 分配表。在这一阶段，教师应根据送料车的控制要求设计情境问题，让学生主动参与，如输入信号有哪些，需不需要启动按钮和停止按钮，工作台的六个呼叫按钮和六个位置开关是作为输入信号还是作为输出信号，输入总共要用到多少个输入继电器，输出信号有哪些，能不能用输出继电器直接驱动负载？学生经过思考与论证，可以编写出送料车用 PLC 控制器的输入/输出配置图，并能掌握 PLC 通道定义和输入/输出继电器编号等问题。

（2）I/O 接线图。从 I/O 分配表可知，输入需要 14 个点，输出需要 2 个点，共16 点。因此，送料车送料控制系统可选用三菱 FX2N-32MR 型 PLC 机。这时，教师可要求学生按照 I/O 分配表，画出 I/O 接线图，并在 PLC 实验台上完成连线。要解决这个问题，学生就要将接线图与 PLC 的接点、按钮的接点、热继电器的接点相比较，全面认识其功能。

2. PLC 软件设计与调试

在设计时，教师首先要使学生清楚，比较指令 CMP 在运行时，各控制接点必须一致闭合。因此，要设置启动按钮 X0、设置停止按钮 X7 用于急停，用 M3 实现自锁。其次，教师要向学生讲授编程方法：把送料车当前的信息、呼叫工作台信息，分别放到数据寄存器 D0、D1 中；对 D0 和 D1 进行对比，以确定给料车的行驶方式和抵达的目标地点。学生解决了这些问题后，就能设计送料车程序。

设计程序后要进行调试，检查分析方法是否合理。在调试过程中，教师要使学生通过观察、感受、比较，训练其悟性与洞察力。在程序的运行中发现问题时，教师并不会直接给学生提供答案，而是让学生思考并继续调试程序，然后让其主动分析并发现错误。

通过本案例，学生学会了传送指令 MOV 和比较指令 CMP 的应用，并能运用其完成 PLC 硬件和软件设计。只有通过这种教学方法，学生才能更多地与生产实际密切联系，也才能掌握更多的指令、语句、编程方法、编程技巧。总而言之，PLC 课堂实践教学活动中采用案例教学法，可以让学生明确地了解抽象理论、观点在实践中的运用，克服理论讲述的单调感，缩小课堂情境和具体生活、工作场景的距离，充分调动其学习积极性。通过案例教育，学生掌握了解决疑难问题的技巧，提高了自主思索、解题的能力，培养了逻辑思维。

二、根据实际应用的电气控制与 PLC 课程教学的改革与创新

以"中国制造 2025""互联网+""人工智能"等为典型的中国重大战略性技术创新项目的实施，引领着中国的技术变革与行业转型，同时也有助于中国高等教育模

式的变革。机械与电气技术学科的人才培养，主要是满足中国产业开发与地方经济建设的需要，以培养具备机械设计制造和电气控制等工艺技术领域的知识，并具备以从事机电一体化为核心的机械电子器件的科技开发、设计和运用方面的知识与能力，能在专业生产上进行科技研究、管理等工作的高层次应用型技术专门人才为宗旨，培养适合市场需要的机电一体化领域的高技能人才，为中国实用技能型人才的培育与地方经济建设出一份力。

（一）电气控制与 PLC 课程教学改革背景

《电气控制与 PLC》教材是一部涵盖知识点多、更新速度快、知识面广、理论知识和实际紧密结合的教材。若要满足对学生综合运用知识能力的培训要求，对教材加以革新与探讨很有必要。PLC 监控是在原有的传统顺序继电器技术基础上，融入了现代微电子工艺、电子计算机、主动管理技术以及数据通信手段等所产生的一种新兴工业控制装置。目前，用人单位对 PLC 人员的基本要求是必须熟练掌握 PLC 运行基本原理，熟悉编制 PLC 梯状图形等。目前，许多学校的 PLC 教学仍然采取基础理论教学配合验证型实践的传统模式，在这些教学方法下，毕业生的创新和实践创造能力薄弱，社会能力欠缺，无法满足企业对人才的需求。

（二）电气控制与 PLC 课程教学改革方法

《电气控制与 PLC》教材的内容主要包括了电气控制与 PLC 两个方面，笔者对电气控制与 PLC 课程分别进行了教学改革。

1. 电气控制的教学改革

自动化电气控制部分的重点涉及低压配电箱和基本控制电路等。低压配电箱部分一般包含以交流器、继电器为代表的低压配电箱。基本控制电路重点讲述发电机的启动、制动、调压和汽车等的自动化电气控制知识，这部分内容在教学时存在困难：部分知识点过时；内容偏重原理知识，针对学生实际需求的设备选择、线路的识图、制图方法等知识涉及较少。教学改革以经典范例为起点，依次讲述电极片、控制电路分析、设备选择、阅读教学方案、制图、配电柜连接和线路的知识，以理论知识够用为基础加以总结。

2. PLC 教学改革

PLC 功能模块，重点讲述了 PLC 硬件设计及运行基础、PLC 命令与编程、顺序控制梯形图应用、PLC 智能指令、PLC 模拟量计算、通信与局域网技术等，这部分内容在教学时面临如下困难：知识的讲解、巩固过于简单；课堂案例陈旧，发散性不足。课堂案例基本都是以抢答器、信号灯等为主，与项目实践联系不够密切。教学改革应从实际生产的真实项目入手，结合先进智能生产实践，根据实际需要，培养学生综合运用技能。

3. 优化教学手段，提高学习兴趣

在课堂教学环节中，对低压电器单元的教学环节的具体内容，教师可借助实物、录像、动态图等进行教学；对主线路与控制电路单元的具体内容，教师可利用基础的电力应用软件、录像、图片等进行教学；在 PLC 教学中，教师可对有关原理等部分的教学内容，利用多媒体等进行教学；对编程测试的内容，教师可通过程序模拟、组态动画测试等手段进行教学；对安装接线的知识，教师可通过视频展示、动画的方式进行教学。以上方法可使抽象知识点系统化，也能培养学生的学习兴趣。

（三）工程案例在电气控制与 PLC 课程中的应用

根据 PLC 实用性较强的特点，教师在讲解的同时，可以逐步介绍实际工程案例，把学生引入特定的工作环境中，并利用实际例子使学生感受 PLC 在现实生产中的作用。在《电气控制与 PLC》的教学实践中，教师可引入以教师为导向、学生为中心的教育思想，将各种教学方法相互融合，将案例内容进行分析，以提炼出知识点，并将其对应在教学的相应环节中。同时，教师应采用目标驱动的教学模式，通过训练学生的创新思维增强其对 PLC 知识点的掌握，要把"巨林制造"的教学思想贯彻于各个环节，从而实现学以致用的教学目的。

1. 工业机械手控制系统的设计

天津市是中国北方地区主要的工业生产都市，机器人设备成为其智能化工厂必不可少的一部分，有着很强的企业应用背景，适合天津市制造业的蓬勃发展。巨林公司开发的机器人实训设备涉及电力驱动、气动控制、PLC 控制系统、电子传感器等多项技能，能够为学生提供从编程、调试到维修等不同阶段的教学训练。

机械手实训平台依次对 X、Y、Z 三轴实施操控。上电时，按下启动按键，三相轴能迅速恢复，恢复完毕后会进入工作状况，电力会驱使机械手抓取物品。抓取动作完成后，进入放料操纵动作环节。机械手在投入材料时，需要靠 X、Y、Z 三轴精确定位，以使材料能够更准确地被投入放料台中。在放料动作完成后，三轴能同步迅速恢复至起始位置，以等待下一个指令。

2. 仓库立体装置控制系统的设计

小型的自动化立体仓库实训过程装备是集机器人技术、电工电子技术、传感器技术、PLC 控制技术等多项核心技术于一体的实训技术设备。自动化立体仓库的实训技术设备单元主要由步进电机、进出仓系统、电磁阀、电子感应器等构成。设备控制器方面选用了西门子 S7-200 PLC，可利用 PLC 步进电机做到上下 X 轴、左右 Z 轴的精确定位，并利用气动机制进行物品的输出与输入；可利用设备系统能够进行垂直于水平方向的复杂运动路径的控制系统，从而使教学更接近工业现场。利用本案例，学生能够更全面地了解 PLC 程序设计的基础与规律，为今后的就业奠定基础。

三、案例和项目双驱动的课堂教学模式以及实施

可编程控制器（PLC）是在现代电子环境下兴起的数值运算产品，它主要是以微处理器技术为基础，应用范围以开关测量为主，还包括逻辑运算、定时器、计数等功能。模拟相关领域的工业控制系统设备是现代工业生产控制系统的主要支柱。三菱PLC 的构建与使用是学校优化教学改革的重要途径，案例和项目是本专业教学课程的常见方法，将其运用在三菱 PLC 基础与应用教学改革过程中，能更切实地突出职业教学的重要性。教师应充分调动学生的学习动机与兴趣，使学生在案例与项目的双向驱动下分析与解题，还要最大限度地优化课堂，学生能力在这个过程中也就能获得增强。

（一）案例教学法与项目教学法概述

案例教学法是在目前十分流行的教学模式，它也常常被运用在经济学、管理学等各种科目的教学中，并获得了不错的效果。案例教学法是一种活动的教学方法，是一种十分独特的教学模式，可以使教师在课堂教学中获得较好的教学效果。

活动案例教学方法表现为教师把学生纳入具体的案例情境中，并引导他们参与其中，会利用对案例情景的再现有效提高其解决问题的能力，在帮助他们更好地认识问题和了解知识点的同时，逐步提高其分析问题和解决问题的能力，从而有效提高学生在学习过程中的兴趣。在案例教学模式的应用中，教师应根据教学实际优化教学方法，培养学生的创新能力。

项目教学法又被称为基于项目管理的教学方法，主要有四个因素，分别为情境、内容、过程、评价。和其他传统教学模式不同，项目教学法是以工程项目实际情况为背景，及时更新学科知识体系，先按照科学技术逻辑的要求建构具体内容，然后再按照工程项目的实际与工作情景要求，让学生进行实际的工程项目实施并提高他们的能力，以此有效培养学生的职业竞争力的教学方法。在这一过程中，教师需要对项目教学法有更好的理解，重视学生在课堂中的主体地位，激发学生已有的认识系统，使学生从自主探究和项目实施过程中真正了解所学内容，以便更高效地优化课堂教学。案例教学法和项目教学法都是非常高效的教学模式，在课程中的运用有着很大的价值，对于课堂教学活动有着重要意义。

（二）"三菱 PLC 技术基础与应用"课堂教学现状

1. 传统课堂教学方式单一

在传统模式下，PLC 课程大多以简单的理论介绍的方式进行。在这个教学模式下，学生仍然只是在被动地练习，学习积极性明显欠缺，也不利于整体课堂教学效果的提升。因此，尽管部分学生在选课过程中就已经对本课程显示出了浓厚兴趣，但是

作为一个实践性教育项目，本课程仍然需要学生更有效地掌握 PLC 内部软件环境与教学知识，并参与实践和操作。但是，脚本式讲解的教学方式显然无法使学生形成学习兴趣，其会觉得学习乏味，因而 PLC 课程的教学效果无法获得保证。

2. 创新探索能力培养不足

教师对 PLC 课程的现状进行了实验设计，并对其主要实验进行了分析，以验证实验类型为主，即要求学生根据教师编写的实验说明书及相关实验步骤进行实践，让学生在实践过程中验证相关理论知识和行动方案，以提高学生的实际操作能力。从实验教学的现状来看，虽然在教材内容上引导明确、步骤明确，但教师在课堂教学中并没有注重培养学生的创新思维和探索意识，学生在课堂上只能按部就班地开展实践活动，学生对教学内容无法形成良好的理解，学到的知识只是表面的，这不利于学生的发展和进步。

3. 理论与实践相分离

通过对当前 PLC 课堂教学实践状况的剖析发现，理论知识和实践的分离是课堂教学过程中存在的最关键问题。具体来说，教师往往只重视对基础知识的介绍，却忽略了对学生实践能力的训练，这明显不利于学生知识运用能力的发展。教学理论知识和实践活动本来是相互联系的，但是很多高校在开展实践教学活动时，教学理论知识和实践却是相分离的，PLC 在这种教学方式下的教学质量无法得到保证。因为学生所了解的理论知识往往仅限于理论范畴，其不能真正把所学应用到实践中，因而不利于学生未来的就业和发展。

(三) 案例与项目双驱动的"三菱 PLC 技术基础与应用"课堂教学改革措施

1. 以经典案例为主线贯穿教学始终

在 PLC 课堂实施中，教师要合理实现案例与项目双驱动的课程目标，同时教师也要让经典的案例成为贯穿整个课程的教育重点，并有效融合分散的教学内容，进而合理调整整体课堂。在 PLC 教学的实际执行过程中，由于整体课堂教学环境十分单调，学生对掌握该内容的积极性明显不够，同时整体课堂环境也对知识的掌握不利，学生往往只是被动地接触知识点，这不利于整体教学思想和实际的有效融合。因此，在教学改革的过程中，教师可采用最典型的方法——案例教学作为课程优化的主要方法，即采用案例教育的方式，使课堂知识更加形象化，从而真正体现学生在课堂上的重要作用，使 PLC 知识与课程更为具体，这样才能激发学生的学习兴趣与自主性。

在此环节中，教师还可以通过多次改革尝试在课堂中给学生选择一些典型的 PLC 控制系统案例，如交通灯控制、料车控制系统、舞台灯光控制系统、汽车蜂鸣器控制系统等相关的 PLC 控制系统，在具体案例分析环节中，教师要把抽象的理论内容和具体的实践案例更有效地融合在一起，这样自然能够提高学生对 PLC 基础知识的掌握程度，让学生在具体案例分析环节中真正把基础知识充分运用到具体的案例解决中，进而帮助学生建立对每个指令应用过程的良好理解。因此，教师在给学生介绍 PLC 的基本命令时，若依照传统方法，则可通过概念、构造、应用、功能和程序实例等环节对每条命令进行介绍，而且整个介绍流程很长，学生很难掌握，教学效果并不理想。如果教师通过 PLC 控制系统的实践案例和有效应用来介绍命令，由简单到复杂，学生就能将案例的功能要求与 PLC 基本命令相结合，并融合在基本命令使用所需要的知识点中，将枯燥的讲解及时转化为具体的工程应用案例，有效地促进自己对知识的理解。

2. 项目推动课程实践顺利开展

在实际 PLC 教学过程中，教师也可以通过项目有效促进实验教学，从而鼓励学生自主学习，并切实培育他们的工匠精神与创造力。传统教学方法的主要缺点在于理论和实践的分离，这会造成学生整体技能开发的困难。而项目驱动教学方法能够改变这一局面，有利提高学生的创造力和实践能力。在教学改革和实践中，教师可以借助项目进行实践教学改革。同时，可以继续探讨与完善项目驱动的课堂教学结构方式，弱化理论教育和实践课堂教学的区别。如此，课堂将能够成为有效训练学生工匠品质与创造力的主要"战场"。

在课程实施的教学过程中，教师可以分层教学，能针对不同层次的学生群体合理设置创新项目、把握学生的目标和计划，要特别注重在实施过程中给予学生指导，并适时运用结果展示提高学生的实践兴趣，使学生获得成功经验。以舞台灯光工程设计为例，有些学生在项目设计中因为对定时器的应用不能充分掌握，在实际程序运行中就会发现控制器并不能达到要求；有些同学在左循环、右循环、中循环三种情况下同时输出四个灯信号时，不明白什么是双线圈。在发生控制乱码问题时，教师不应该直接给学生提供答案，而应该让学生思考，使其能通过不断监控、调试和执行控制程序主动分析，进行改进，以达到控制的要求。当通过不懈努力终于成功时，学生也有了成就感。同时，教师要注重总结交流，让学生更有效地掌握技巧。项目总结可以在项目完成时进行，也可在整个项目实施过程中进行。指导教师也应帮助学生理顺项目思维，确定项目练习的具体内容与学习思维方式，并总结学习策略，发现不足，引导学生学习反思。教师应该指导学生扩展项目，培养他们的逻辑思维以及利用专业知识和能力解决问题的意识，使学生更深层次地了解更多的知识，让他们可以在工作实践中有效地提高自身的工作实践意识、实践思维能力，进而开发其创新思维能力，以此培养他们的职业创新意识。

在"三菱 PLC 技术基础与应用"教学改革的过程中，通过不断完善教学，学生的应用水平与实践能力都获得更好的培养。和其他科目不同，PLC 科目本身较为独特，教师在教育体制改革中需要正确把握本科目的特征，针对技能训练、能力培养等培养目标，合理发挥案例与项目双驱动在知识教育改革中的使用功能，有效培养学生的独立学习意识，从而为知识技能的培养与全面提升奠定扎实的基础。

四、基于 STEM 教育理念的 PLC 技术应用课程创新与案例

(一) PLC 技术应用在教学中存在的问题

学校对 PLC 技术应用课程虽然开展了教学改革，但在 PLC 课程实施中仍然面临学生对 PLC 技术新的认识迁移程度和能力都不高、在课堂教学中参与度不够的问题。未来的教育改革在确立立德树人基本目标、强化创新型人才培养的大背景下，要切实以提高学生的核心素质为方向，积极改革教学方法和考核手段，加强 STEM 教育在 PLC 技术应用教学中的探索和实施。目前，大多数教师仍只重视理论知识的讲解，忽视了全面深入落实改革目标，即 PLC 技术应用课程的三维目标。在 PLC 技术应用教学中，教师必须创造工程运用的新情境来扩展学生思路，才可以实现并提高学生的认识迁移能力和创新能力；必须重视在教学设计中确定学生的主体地位，充分调动学生的主体能力和参与性，才能有效培育学生的科技观念、职业素养和人文素质。

(二) STEM 教育理念

STEM 教育强调课堂设计的参与性和拓展延伸性，意在开发学生潜在的迁移能力、创新思维能力。在课堂上，学生为主，教师为辅，意在培养未来能够主导电气设备运行控制等行业发展的综合型人才。把 STEM 中四个学科融入 PLC 课程是学生掌握 PLC 技能应用的重要基础，是培育优秀创新型人才的关键所在。因此，STEM 教育理念下的 PLC 技术应用课程，能够加速学校专业课程改革的进程。

(三) 基于 STEM 教学思想的 PLC 技术应用教学改革

基于 STEM 教学思想的 PLC 技术应用教学改革是培育学生的科学素质、推进教育改革的有效途径，设置富有学科特点的 STEM 科目是实现 STEM 教学理想的基础。2014 年，美国国际科技和设计发展协会提出了 STEM 课程的活动模式——6E 设计型课程模式。其六大环节依次是活动、探究、理解、设计、创新、评价。6E 模式的学习方法融合了科学探究过程与设计领域的实践。学生在研究与处理现实问题的过程中，会利用跨学科的专业知识，积极进行认知与自主设计的循环过程，以解决项目任务中的问题。在 PLC 科技实践教学中，项目分析、讨论、方案设计、实施与测试、优化、评估等教学互动方式，能让学生在 STEM 活动中进一步了解 PLC 及其有关内容，能够对其有合理认识与进行有效操作，从而能学习到对 PLC 的理性认识、设计过程的科学思想、工艺方法与工程技术思想，并在 PLC 课程中有效地进行转化与拓展。

(四) 基于 STEM 教育理念的 PLC 技术应用

为加深学生对变频、传感器与 PLC 综合技术应用的认知，笔者以 STEM 教育模式

设计了"物料传送检测系统"的教学案例。

1. 课前准备

（1）准备教学资源与器材。其包括多媒体设备、物料输送技术在物流行业分拣快递的工程运用视频、货物输送分析技术工程演示微视频、WORK2 编程软件、YL235A 机械电子一体化工程实训仪器、三相异步电动机、万用表、E740 变频器、光电和光纤传感器、导线和任务指导书等。

（2）设计项目任务。任务为任务为物料传送检测系统用于检测金属物料和非金属物料。按下开机按键 SB1，物料会输送皮带在 15 Hz 的高频控制下正常工作；当传送带上进料口的光电感应器侦测到物料后，物料会输送皮带在 35 Hz 的高频控制下进行工作。如果是金属物料，则运行到测试位置 I 传动后，皮带就会停止工作，如果是非金属材料，则运行到测试位置 II，传送带就会停止工作。传送带上的材料被取走后，系统需要再按 15 Hz 的频率继续进行工作，以完成对下一次物料的检测。按下停止按键 SB2 后，当物料检测系统完成当前物料检查后，系统会暂停运行。

（3）设计活动目标。在 PLC 相关知识层面上，以 PLC 技术应用学科的变频器和 PLC 为主体知识。利用物料传送检测系统典型案例——分拣金属和非金属物料，可促进学生对检测与分拣的进一步认识，使其利用不同传感器检测不同属性的物料加强对知识的理解和运用。同时，又整合了检测学科的知识，要求学生了解传感器检测原理。

在技术层面上，主要是通过变频器技术实现物料传送检测系统中皮带运行速度的变化；通过传感器检测技术实现对金属物料和非金属物料的检测；通过气动控制技术实现将物料分拣到相应的料槽中的操作；通过 PLC 控制技术实现对变频器、传感器和气动控制的自动化控制。同时，要求学生掌握四种技术的要领，学生应能在完成综合技术的操作基础上分析技术在项目实施中所起到的作用。

在工程层面上，学生主要是在小组团队合作的基础上，用所学的 PLC 的知识和技术来解决实际工程问题。学生利用组织内的高效沟通，能逐步掌握 PLC 和变频器控制技术、传感器产品科技与气动控制的融合，实现对物料传送检测系统的控制。

在数学层面上，主要涉及变频器参数设置、传送带速度的变化，以及基于变频器参数数据及结果的推理分析，在实际应用中，要提高学生在 PLC 技能运用中应用数学知识的能力，同时训练学生的数学思维和运用能力。

2. 课中实施

教师通过工程情景"物料传动系统在快递产业分拣快递的应用"视频作为课堂引入，能构建具有工程项目案例化的真实学习情境，从而引出项目任务。

（1）项目分析（参与阶段）。学生通过观看金属材料传动测量装置视频演示了解项目中的调节方法，能将光纤传感器用来测量非金属材料，将电感信号用来测量金属材料。根据物料皮带 15 Hz、35 Hz 两个不同的转速，学生可采用电机参数设置完成对三相异步电动机的调压管理。PLC 编程则会采用顺序控制的方法编写梯形图程序。

（2）探究（探索阶段）。

探究活动 1：学生在教师的指导下，拆卸变频器外壳，探究变频器的组成。经过研究活动，学生可了解变频器的 PU 面板动作方式、外部动作方式、组合动作，以及网络运行方式；掌握面板上的频率、电压和电流指示灯的切换；掌握按键和各种接口功能。

探究活动 2：学生在教师的引导下，阅读 E740 变频器使用手册并探究变频器中各个端子的功能，掌握各个端子的功能。在操作规程的指导和教师的引导下，学生可以完成主机电路与控制回路的连线。

探究活动 3：教师组织学生按照项目任务进行自动化变频器控制参数设置，让其学习利用变频器 PU 控制和通过外部端子手动操作的三相异步电动机，从而学会变频器参数设计技术。

（3）设计（解释阶段）。学生应以小组为单位，合作完成项目实施方案的设计，确定 I/O 分配表、设置变频器参数、选择任务所需材料及工具，利用 WORK2 软件编写 PLC 控制物料传送检测系统的程序。教师会结合学生的实际设计的方案，讲解涉及 PLC 的相关知识，从而填补学生 PLC 相关知识的空白。教师应引导学生组内讨论、交流，使其找到方案设计的不足，并帮助学生找到问题所在，使其完善组内的方案。各学习小组上台解释方案设计的意图，要对 I/O 分配、变频器参数设置、PLC 程序功能等方面进行详细说明，教师要对方案的可行性进行评价。

（4）安装与调试（工程阶段）。学生应以小组为单位安装与调试物料传送与检测系统。在学生安装和调试的过程中，教师要及时回答学生在安装和调试过程中遇到的问题，指引学生在方案实施阶段要按照安装操作流程安全操作，从而使其高质量地完成项目安装与调试。在调试的过程中，学生要尝试团队合作，利用所学知识实施制作方案，运用 STEM 理念的学科融合的观点把物料传送检测系统调试成功。

（5）优化（深化阶段）。教师要提升分拣检测设备的工作难度：为提升设备的效率，让分拣系统检测金属、白色物料和黑色物料等不同颜色的物料，教师提出新的问题，并指导学生完成 PLC 技术应用知识与技术的迁移，以解决发生在新情境下的检测三个不同物料的新问题。学生可以在新情境下对原系统加以完善，考虑增加检测机构以应对检测不同颜色的物料的要求，扩大检测系统的适用范围。

（6）评价（评价阶段）。各小组要展示物料传送检测系统检测金属和非金属物料。各小组应先进行自我评价，然后小组互评，最后教师点评。教师应从学生迁移和创新能力角度，结合学生的实践，提出改进方案。各组学生应根据自评、互评和教师点评，结合实际再次优化系统方案。

3. 课后总结

教师应根据与教学内容相关的丰富知识资料设计拓展任务，让学有余力的学生可挑战拓展目标，以培养学生对 PLC 技术知识（技能）的迁移和创新能力。

为创新开发学校 PLC 技术应用课程，基于 STEM 教育理念与 PLC 技术应用教育改革的深度融合要求教师应将工程应用的案例融入日常教学活动中，应结合现代技术手段给学生创设多学科融合的学习情境，从而突出工学结合与职业素质的培养，提高学生的综合素质。基于 STEM 理论的 PLC 技能实践教学非常培养学生在整合跨学科的专业知识过程的思考、解决问题的能力，在专业素质成长的培养上有着很大的优越性，有助于实现立德树人、创新型人才培养的育人目标。

第三节　PLC 技能训练及其维护

一、自动控制 PLC 技术

（一）PLC 的发展历史

在工业生产过程中，人们需要进行大规模的开关量序列控制，并根据逻辑关系要求进行顺序动作、根据逻辑关联进行连锁保护动作，以及对大规模离散量的数据进行采集。传统上，这种控制功能都是借助气动或电力控制设备进行的。1968 年，美国 GM（通用汽车）电子公司首先提出了替代后继电气控制设备的技术需求。第二年，美国数字公司研发出了同时应用集成电路和计算机技术的自动控制器装置，并首次通过高度程序式的设计手段将其运用于电气控制中，这便是第一代可编程序控制器。

PLC 是一个利用数值计算操作的电子设备控制系统，专为在工业条件下的应用而设置。它利用内部编程，能对其内部执行逻辑计算、序列管理、定时器、统计和算术运算等动作的控制功能，也能或利用数据的、虚拟的输入/输出端口，操控着生产设备或制造流程。可编程序控制器以及相关装置，均须按照便于将工业控制器组成一个总体、便于扩展其性能的原理设置。

20 世纪 80 年代到 90 年代中期是 PLC 经济成长最好的阶段，其年增长速度始终维持在 30%~40%。在此阶段，随着 PLC 的数据处理模拟量计算能力、数据计算能力、人机接口计算能力，以及组网性能获得提高，PLC 逐步走向了工程控制领域，在某些领域，它甚至代替了在工程控制领域中占有绝对地位的 DCS 系统。

在工业自动控制系统方面，PLC 也是一个很关键的控制装置。目前，全球已经有 200 多家厂商制造了 300 多个种类的 PLC 产品，其被广泛应用于汽车行业（23%）、粮食加工（16.4%）、化学/制药（14.6%）、金属/矿山（11.5%）、纸浆/造纸（11.35%）等工业领域。

PLC 系统具备通用度较好、使用方便、自适应区域较广、稳定能力好、抗干扰技术能力强、编程简便等优点。PLC 在企业内部自动控制系统，尤其是在顺序控制方面的作用，目前是不可替代的。

（二）PLC 的构成

从构成上分，PLC 主要分为固定式和结合式（模块式）两类。固定式 PLC 系统包含了 CPU 板、I/O 模板、显示器板、存储器模块、开关电源等，上述元件可以组成一个不可拆卸的系统。而模块型 PLC 则包含了 CPU 模板、I/O 模板、存储器、电源模块、基板以及机架，上述单元能够根据特定规则实现组合安装。

1. CPU 的构成

CPU 是 PLC 的内核，起着神经中枢的作用，每套 PLC 都必须有一套 CPU，它能依据 PLC 的操作系统程序所给定的能力接受和存储用户程序和资料，用扫描的方法收集从实际输入工作装置中带来的状态信息或数值，并将其存入特定的寄存器中，而且还能检测供电状况和 PLC 内部集成电路的工作状态以及在代码阶段中的语法错误等。加入程序后，CPU 会先从用户程序内存中逐条读取命令，经过分析后再按命令中指定的目标生成相关的控制信息，去指示有关的控制电路。

CPU 由计算器、手柄、寄存器和与它们相连接的数据传输设备、继电器和状态线路等组成，CPU 模块还包含了寄存器、线路端口和有关线路。寄存器一般被用来存放程序和数据，是 PLC 不能缺少的部分。对学生来说，其虽然不必详细分析 CPU 的内部电路结构，但对各部分的运行机理还是要有充分的认识。CPU 的继电器掌握着 CPU 功能，能使其读出命令、解读指示和执行命令，其动作节奏受震荡指令影响。运算器可被用来完成数学或逻辑的计算，能在继电器指示下完成这一任务。暂存器则能被用于计算，并保存计算的中间数据，它也要在继电器指示下工作。

CPU 转速与内存容量是 PLC 的关键技术参数决定了 PLC 的工作速率、I/O 总量和软件容量等，从而影响了控制规模。

2. I/O 模块

PLC 和计算机回路的连接是利用输入/输出单元（I/O）实现的。I/O 功能实现了 PLC 的 I/O 系统，能在进入暂留器反应进入的信息状况，在输入/输出点反应输出锁存器状况。投入模块系统把电讯号转换成数字信息后可流入 PLC 系统，这使其与输入/输出控制器的方向完全对立。I/O 管理系统包括开关数量注入（DI）、开关数量输入/输出（DO）、模拟量注入（AI）、模拟量输入/输出（AO）等管理系统。开关数量是指拥有开和关（或 1 和 0）两个位置的信息，而模拟量则是指不断改变的物理量。

I/O 可以分为以下几类。

开关电源容量：按电压级别分，有 220VAC、110VAC、24VDC 等；按屏蔽方式分，有电源屏蔽和晶体管屏蔽。

模拟数：按输入/输出形态分，有电流型（4~20 mA，0~20 mA）、电压值型（0~10 V，0~5 V，−10~10 V）等；按精确度分，有 12 bit，14 bit，16 bit 等。

除以上普通的 I/O 之外，还有特种 I/O 功能，如热阻值、热电偶、脉冲等特殊功能。

按 I/O 点数决定模组尺寸和总量，I/O 模组可多可少，而其通常受 CPU 所能管理的基本设计能力的限制，也受底板的大小或机架槽点数的限制。

3. 电源模块

PLC 开关电源可被用来给 PLC 各模组的综合电路供应工作电压。同时，有的工厂还会给输入或输出电路供给 24 V 以上的工作电压。供电信号使用形式有交流电源（220VAC 或 110VAC），直流电源（常见的为 24VDC）。

4. 基板或机架

这些单元的 PLC 会采用基板或机架，其功能为：计算机上，完成各功能之间的连接，使 CPU 可以使用基板上的任何功能；电气上，完成各功能之间的连接，使各功能单元组成一个整机。

（三）PLC 系统的其他设备

1. 程序设计装置

编程机作为 PLC 的实际应用、控制操作和维修中不能缺少的设备，可以进行程序设计、对系统进行一些特殊设置、监视 PLC 或由 PLC 所管理的控制系统的运行状态等，但并不直接参与实际的控制操作。小编程机或 PLC 一般需要编程人员，但目前通常用电脑（运行编程软件）代替编程人员。

2. 人机界面

最简洁的人机界面是指示灯和按键，目前，液晶显示屏（或触摸屏）式的一体式操作员终端比较普遍，由电脑（使用组态管理软件）代替的人机交互界面也十分流行。

3. 输入/输出装置

该装置被用来存储用户数量，如 EPROM 或 EEPROM 等输入装置、条码阅读器、提供模拟量的测试距离、打印机等。

（四）PLC 的通信联网

新型的企业互联网技术能够快速高效地获取、传输生产与经营信息。所以，网络在智能化系统集成设计中的意义日益突出，能使人们产生"网络就是控制器"的想法。

PLC 具有通信联网的特点，它可以使 PLC 和 PLC 相互之间、PLC 和上位机及其他智能装置之间互换控制，从而构成一个具有复杂系统的整机，整机可以进行分散集中控制。同时，许多 PLC 都带有 RS-232 端口，其还另外安装了用于各自通信协议的端口。

PLC 的通信系统还未实现互操作性，但 IEC 已经规定了各种现场总线规范，因此，各制造商都在使用 PLC。

一些智能化系统工程（尤其是中大规模控制系统）选择网络是十分关键的。首先，网络系统应该是开放性的，能让各种设备的整合和未来控制规模进一步扩大；其次，应根据各个网络技术阶段的信息传输特点，合理选择网络系统的标准形式，这就需要在较广泛地掌握该网络标准的协议、方式的前提条件下实施；最后，应根据系统成本、设备可靠性、现场环境适应性等具体问题，制定各个阶段所采用的网络系统技术标准。

（五）新的 PLC 产品不断出现

HOLLiAS-PLC 是和利时集团 PLC 产品线中的一款系列产品，是和利时有限公司总结几年来在生产自动化产品方面的丰富经验，引入先进工艺开发的、适合生产离散化流程控制器的可编程控制器。其总体设计吸收了当今技术发展的最新研究成果，在网络渠道技术、I/O 处理技术、CPU 实时操作系统技术、人机界面技术等领域，都根据国外先进工艺做出了自己的设计，硬件制作则在意大利进行。HOLLiAS-PLC 系统是目前国内外工程自动化领域中性能价格比最高、满足各种通信模式、扩展灵活性最大的 PLC 控制系统品种，是低成本工程自动化解决方案的优选控制产品。

HOLLiAS-PLC 的单 CPU 能力达到了"DI/O：1024 点""AI/O：256 点"，编程语言使用了 IEC61131-3 所规范的标准 STEP7，内部整合了大量的智能算法与单片机。CPU 工作效率接近或高于国外相同尺寸的 PLC 系列，特殊的结构也使 I/O 系统的性能范围得以进一步扩大，从而减少了备件储存量。而且，除了逻辑控制之外，其还能够实现回路管理、运动控制和先进计算。

同时，西门子隆重推出的全新 SIMATICS7-400 可编程控制器在如下几个方面做出了重大创新：①数据处理效率显著提高：CPU 数据处理率较同型号整体增加了 3～70 倍，417 型 CPU 的最快速率达到 0.03US=" EN-US" >位指令，同时，其进行复杂数学计算的信息处理速率也最大增加到了原来的 70 倍；②CPU 的资源裕量也大大增加：工作存储器数量增加，达到二十 MBS7 定时器和计数器的个数增加了 8 倍，为 2048 个；③CPU 通信质量明显提高：由于在等时方式工作中的循环周期更短，现场级通信连接质量也有了明显提高，尤其是与驱动设备之间的通信能力更进一步提升，并且数据传输速度显著加快，垂直集成通信以及 PLC—PLC 之间的通信响应时长减少了一半，而硬件冗余 CPU 的同步速度也更快，光缆距离最大达到了 10 km。

在可靠性方面，新的 S7-400 除了与已有的生产零部件相容外，还将持续利用已生产的开关电源、机架，以及 I/O 模组在内的所有附属组件。但由于引入了新的硬件技术，原 CPU 上可扩充的旧 DP 模块（MLFB：6ES7964-2AA01-0ABO）将进行全新生产（MLFB：6ES7964-2AA04-0ABO）。为了显著增强同步能力，H 系列 CPU 上使用了新的同步单元和同步电缆。

二、PLC 技能训练分析

PLC 系统是一种技术性和专业性都较强的系统，其结构也比较复杂。由于工业智能化技术的发展，企业所采用的 PLC 系统也将不断丰富。但是，这种电气系统在运转过程中也出现了许多问题，如运转质量不高、系统故障发生频繁等，这就要求人们必须仔细研究产生问题的原因，从而制定有针对性的解决方案来更新设备，以提高其性能。传统 PLC 系统的另一个重要问题就是故障率过高，因此，人们进行 PLC 设备更新的重心就必须放到提高传统 PLC 的技术能力上来。在原来的基础上进一步进行技术创新，并进行维修，有效地改善了系统的运行质量，提高了 PLC 的技术含量，从而促进了新产品的有效发展。

通过 PLC 控制器，技能训练与数据分析已经变成了控制可维护性设计工作的关键方面，这同时也是让信息系统可信度得以提升的关键手段。对一种成熟的 PLC 控制器而言，它的所有程序都必须是为保证整个网络系统的安全稳定工作的。PLC 控制器的技能训练分析是一项相当复杂的工作。利用 PLC 软件资源开发各种技能训练软件，能够极大限度地降低使用人员在技能训练分析中的困难，可以使软件系统的稳定性、可靠性大幅提高。

（一）PLC 的技能训练维护

对于新设计的 PLC 控制系统，通常情况下在使用之前应该对其进行仔细的检查、调试后再运行，应该注意采取预防性维护的方法，对其进行定期的检查工作。

（1）首先，环境对 PLC 系统的技能训练工作有着非常关键的影响，在进行系统技能训练时，应注意将温度控制在 0~55 ℃之间，在设备进行储存时，要将环境温度限制在-20~70 ℃。在这里特别强调的是，在对 PLC 系统进行安装时一定要做好紫外线防护，它绝对不可以接受紫外线的直接辐射，与此同时，还要注意进行通风工作，并且进行散热，在必要时采取相应的保护措施，如把门窗都挂好或者用木板加以遮盖，如果条件允许，可以加装空调。

（2）为了实现防震、抗冲击的目的，PLC 控制器在技能训练过程中，人们必须进行外部的防护工作，最好是先把 PLC 置于带有金属防护壳的控制箱中，同时一定要保证整个系统的安全与坚固，同时系统也要避开高压电源线或者高压电气设备，目的是避免系统受到电磁波的侵扰，影响其正常工作。

（3）保证系统周围使用环境的洁净，不让腐蚀性气体和灰尘物质对其造成影响。同时，不能让粉尘和污秽物质直接落入 PLC 的元器件上。在特定的环境中，灰尘对系统的正常运转会产生非常强烈的干扰，也会干扰其绝缘功能，更严重的还会造成在操作检查时断开的短引线出现故障。因此，必须保证系统周围的环境干净。为了保证环境整洁，一般可选择用吸尘器清理的方法。对一些积尘的插卡，要按照产品说明书的规定要求做好适当的清洁工作，对插卡表面加以清洁；也可用酒精擦洗，并注意不能损伤部件。

（4）在日常技能训练的维护操作中，要对接头加以检测，并察看连接点有无发生松动或者脱离情况。另外，还要察看接头线缆有没有由于外力的影响而损坏或者发生老化的情况，还要检查接管缆有无渗漏，空气或者液压源的电压能否达标。安装时，必须格外注意有震动或者容易被氧化的地方。

（5）当需要对某个模块进行更换时，必须检测与需要安装的模块是否为同一型号。不同的设备所需要替换的模块是有所不同的，一些输入/输出设备可以带电替换模块，但有些是必须将电源断开的。一旦保险丝在进行更换时被烧断，原因可能是电压太大，或者是设备出现故障。

（二）PLC 控制系统技能训练

1. 电源技能训练

如果在供电系统运行过程中出现电源熄灭的现象，就需要对系统进行检查。若电源指示灯不亮，需要检测此时的电源状态是否正常，要是有电，则需要对电源的电压进行测试，若发现异常则需要做出相应改变。在供电正确的前提下，下一步需要检测焊管有没有断裂，若熔丝断裂，需要对焊管进行替换。

2. 输入/输出技能训练

不论是输入/输出部件，或是进行连接配线的元件状态，其都是控制系统中至关重要的要素。PLC 和外界的数据联系的途径是输入/输出，它的正常工作能对整个控制系统的运行起到至关重要的作用。

对输入/输出进行基本技能训练后，第一步就是要测试 LED 电源指示器上有没有响应的元件，如果现场模块都没问题，但灯泡就是不亮，那么下一步就是测试电压值是否符合要求。如果电压数值正常，那就应该考虑换用另外的模组来进行测试。如果 LED 逻辑指示器全部熄灭，通过远程编辑器的监控情况就能发现，是因为输入模块而发生的问题。在进行模块更换后如不能有效解决问题，那么就是机架或者通信线路出现了问题。

3. 指示技能训练

LED 状态指示器可以服务于许多现场装置，因为所有的输入/输出模组都必须具有一种指示器。输入模组常设输入电源指向器，输出模组也有常设的指示器。

输入模块的状态都通过 LED 指示出来，模组内只有一个信号存在。不过这种指示器并没有把模块的故障状态显示出来，而是体现了电力的保护性和保险丝的状态，所以如果电力发讯器与逻辑显示器状态一致的话，就说明输出模块发生了问题。

为了使 PLC 控制器得以顺利工作，使 PLC 控制器的使用寿命得以延长，人们必须在平时的工作中，经常进行对 PLC 的技能训练分析，对有可能影响 PLC 控制系统工作质量的各种不利因素做出全面的考虑，并进行保养与检测等工作，以使 PLC 控制器得以顺利的工作。

三、施耐德 Twido 系列 PLC 指令训练

要想熟悉施耐德 PLC 命令并灵活地运用命令完成程序设计工作，学生就要在掌握

了基本命令、控制功能块命令、数据命令和控制功能命令后，通过综合性的命令练习，更加灵活地掌握施耐德程序的编制方式。

（一）布尔指令程序训练

梯形图语言继承了传统继电器控制的很多字符与规则，且图形简单直观、易学易懂。入围其电子器件的有%Ii 相应控制按钮、行程开关、传感器上的开关电源等,%Mi 相应中间继电器,%Qi 相应交流器；入围其多功能块电子器件的有%TMi 相应时间继电器等。

LD、OR、AND、ST 等布尔指令在程序设计中也常常被使用，所以学生应加强布尔指令编程的练习，培养思维技巧。因为布尔指令的限制内容大都为数位元素，所以学生有必要掌握并正确使用位器件。PLC 的位器件触点有四个位置，即常开、常关、上升沿、下降沿，其中，"元件触点"是类比块。类比命令是可以把两种运算元（字、位窜、立即数等）加以类比的处理命令。其前提条件符合"块元素"则闭合，而前提条件不满足"块元素"则断开，所以类比块也可被称为条件触点。另外，还要选择位数，每个字只能选择 16 个字节作为元素。在 TWDLCAA40DRF 中有 3 000 个内部字，但内部单位只提供了 256 个。采用抽取位有两个好处，一是可以解决内部定位不够的问题，二是方便记住程序中的位置编号。此外，在 TWDLCAA40DRF 中的%Q0.0、%Q0.1都是由晶体管提供的。要想利用交流接触器驱动，并在编程中用到%Q0.00：8 的位窜命令，即可通过抽取位命令使输入/输出端转至%Q0.2～%Q0.9 之间，并有序地列出控制对象以便记忆。

（二）功能块指令训练

在常用功能块命令中，定时器的应用相对较多。因此，除了定时器之外，学生也可单独使用与某个定时器的对比命令来进行时刻顺序控制，这既能够节约使用的定时器总量，也可缩短时间。例如，学生用道路交通灯按循环一次周期所需要的时间设置定时器预置的值%TMi.P，然后通过对比命令，把定时器的当前数值%TMi.V 和按次序点亮或熄灭交通灯的持续时间内所设置的当前值（时刻数）加以对比，即可完成道路交通灯的时限序列管理。

计数器除了具有计数功能外，也能够结合比较指令进行时间顺序控制；或者结合系统位（%S4～%S7）进行计时功能。为帮助人们认识计数器的作用并熟练掌握布尔指令、数据命令，笔者编写了一种可实现计数器操作的软件。

（三）指令及功能块的综合训练

鼓控制器、移位寄存器、步进计数器的命令主要可被用于操作周期管理以及顺序控制，这就需要学生把各种布尔指令和多功能块命令结合到一块灵活运用。如果进行一次循环系统的工作，学生就需要依次用鼓控制器命令、移位寄存器命令、步进计数器的命令编制程序。要先看循环步数，然后再通过%DRi（8 步）、%SBRi（16 步）、%SCi（226 步）等可控步数来确定命令。

这样，学生得到的启发就是要对各种形式的操作多进行练习，要拓展思维空间、灵活运用相关方法。

四、PLC 模拟软件在 PLC 教学中的运用

PLC 技术设备是在继电接触器控制技术和计算机技术基础上研制的工业自动控制设备。正是因为 PLC 技术能够利用软件技术来改变工业控制流程，而且程序较为简单，其才在工业生产控制系统中取得了主导地位，并获得了十分普遍的应用。为了满足这个形势要求，PLC 技术已经成为电子电气专业的一门专业课，课程内容以掌握三菱 FX2N 系列 PLC 的基本命令与使用原理为主。

（一）PLC 课程教学中存在的问题

（1）要求多，学生学习有障碍。PLC 教学中面临着信息量大、程序单调的问题。在 PLC 程序设计阶段，学生必须严格按照控制条件来设定控制方法，这就需要他们具有相当的理解和自主学习能力，才能掌握这门学科。

（2）配套实习器材欠缺，学生开展的实验不多。一套 PLC 实训设备售价很高，且由于一些学校的教学经费比较紧缺，所以新购置的 PLC 实训过程设备数量很少，再加上近年来一些学校的招生人数猛增，无法保障学生一人一套。另外，如果是长期进行实训，则面临着机器的事故损失以及设备资源的浪费问题，这一方面提高了设备维护的成本，另一方面又减少了实训产品的生产量。

（3）学生实验能力不强，这限制了其创造性思维能力的培养。根据通常的教育流程，任课教师应根据教学次序开展课程教学，即先介绍基本的理论知识，然后介绍 PLC 的编程技术，接着才让学生进行实训。关于上述情况，笔者通过对教育经验的探讨，认为将 PLC 的模拟软件应用到 PLC 课程中是应对上述情况的理想办法。

在这样的形势下，怎样寻找对 PLC 教学改革的突破口，以进一步提高教学质量呢？经过教育实践与探讨，笔者提出了使用 PLC 的模拟学习程序（该软件名称为FX-TRN-BEG-C），通过简单有趣的方式指导学生掌握 PLC，从而使学生的学习达到事半功倍的效果。FX-TRN-BEG-C 是日本三菱电气最近发布的中文版教学软件，可以把虚拟现实技术与专业的讲解人员结合到一起，能让学生学习通用梯状的逻辑程序。该软件可被安装在学校多媒体教室的课程主机中，学生在 PLC 实训课程中只要在学校多媒体教室上机，就能够身临其境地了解 PLC 的无限魅力。

（二）模拟软件的作用

该软件在教学中的运用，主要表现在如下几个方面。

1. 使用大量生动有趣的图画，能调动学生对学习 PLC 的兴趣与激情

教育心理学指出，积极性是动机的主要部分，是促进学生勤奋学习的巨大力量。学生只有对 PLC 专业知识产生浓厚的兴趣，才会形成求知的迫切欲望，也才能勤于思考。该课程软件一共分为 6 个教学单元，内容依次为 A~F。A 为 PLC 介绍模块，它以丰富的图表形式讲述了在现代工业自动化方面和生活中使用 PLC 的众多例子，经过对 A 模块的入门练习，学生能够充分认识到 PLC 产品的实用价值。PLC 产品已深入人们生活中的各个方面，在改善人们的生活品质方面扮演着非常关键的角色，由此可以激发学生攻读 PLC 专业的积极性与激情。这种生动有趣的视频讲座，比在课堂里枯燥地讲解知识更有意义，学生也更愿意接触。

2. 引入专家引导型的编程指导，帮助学生克服 PLC 的困难

在 PLC 教学中，学习程序设计是关键，其中，如何绘制梯状图是难题。通过该软件，学生能够更轻松地攻克难题，把握关键。该课程软件的 B 模块就是基础编程的一个模块，重点讲述了基本输入/输出编程、标准程序、功能优化编程、系统状态的编程等。每条程序的练习单元都给出了详尽、明确的操作步骤，会一步一步指导学生学会编写基本的梯形图，并使其实现模拟操作，让其对基本语言的编写有基本的了解。该课程软件的 C 模块为简单的练习模块，它详细讲述了基础定时器和计数器的编程技巧，同时提供了使用定时器和基本计数器进行编程的两种经典范例。经过这些单元的练习，学生对常见的定时器和计量器的程序有了基本的认识。B、C 两个单元的基本程序设计练习均引入了专家引导型的程序提示，为基础不好的学生掌握 PLC 提供了十分有益的帮助。而经过对这两个单元基本程序设计的练习，学生已能基本掌握 PLC 程序的特性，对 PLC 的基本程序设计方式有了一定的了解，也克服了掌握 PLC 的技术困难。

3. 在模拟环境中的模拟操作有助于学生更好地掌握 PLC 的运行原理

要对 PLC 的工作流程有全面的认知与掌握，学生除了具有必要的程序设计能力并了解最基本的程序设计技能外，还必须能根据实际的控制条件进行模拟操作与调试，以便发现实际程序中的缺陷与漏洞，并加以反复修正，从而实现优化程序设计、熟练程序设计的目的。而 FX-TRN-BEG-C 教学软件系统可以实现不同的控制条件并模拟操作各类程序。它操作简便，使用了 3D 虚拟空间的设计，可以模拟出各类实际情景。例如，道路与交通信号灯控制系统、正反转控制系统、分拣与分配线控制系统、舞台设备控制系统、升降机控制系统等，每种情景都惟妙惟肖，图文并茂。学生能够在任何场合中根据操作条件进行程序设计，画出梯状图形，并对 PLC 进行模拟运行操作，从模拟操作中能够看到操作结果是否满足设定条件。同时，在操作中还能够确定所有元器件和程序的状态，实时监视所有元器件的工作过程。通过操作监控，学生能更进一步地认识和熟悉 PLC 各个元器件的功能，巩固课程上学到的基础知识。

4. 循序渐进式的教学设计科学合理，能够兼顾全体学生

教学是直接面向全体学生的。从社会心理学的观点出发，人的个性特征和心理情

况不尽相同，他们之间在技能层面也有所差别，如观察力、理解力、想象力、记忆力、模仿能力、情感表达和逻辑思维能力等。为此，在 PLC 课程上，笔者引入了"因人施教"的分层教学方式。而 PLC 教学软件就提供了一种分层教育的好方式。该软件的 D、E、F 单元依次为初等、中等、高等的挑战单元，而每个单元均有 6 道设计题目，难易不等，其中以初等挑战题目难度较低，难度系数为 1~2 颗星；中等挑战题的难度稍大，难度系数为 2~3 颗星；高等挑战题的难度则较大，难度系数为 3~4 颗星。在实际教学活动中，对水平较低的学生，选择初级挑战单元中的部分课程加以练习。基础较好的学生可选择中等问题模块或高等问题模块中的内容加以练习。这样既增强了学生的信心，也丰富了他们的创新思想。此外，针对一些较复杂的工程设计问题，如自动门操作控制、输送带控制系统等，学校也可通过分工合作的方式，把全校学生分为不同的工作小组，以确定各小组的设计责任与工作任务，从而培育学生的团队合作精神。

（三）模拟软件应用在 PLC 教学中实现的作用

1. 提高了学生学习 PLC 课程的兴趣

在电脑上应用模拟软件就能够直接生动地表现可执行程序的结果，能将原来抽象化的编程过程进行更加形象化的展示。同时，学生对程序所做出的每个修改都能引起模拟结果的变化，这样一来就可让学生非常有成就感，能充分激发学生的学习兴趣，充分培养学生的自主参与意识。

2. 培养与提高了学生的认知、理解能力

在学生熟悉了基本的程序指令并具有了相应的程序设计能力后，教师就可以利用任务驱动教学法，放手让学生独自完成某项具体的程序设计任务，由学生自行去想办法、找指令、编程序。教师可以对其进行适当的点拨，从而使学生在模拟软件的辅助下不断地发现编程漏洞、检测结果，并不断调整、优化编程。在这个过程中，学生的学习能力、解题能力和编程能力都可以获得很好的培养和提升。

3. 发挥了学生的创新性思维

使用模拟软件使学生不再依靠教师的判断，而教师则主要发挥观察、答疑的功能。学生完全能够根据自己的想法完成编程，并且检验合理与否，总结经验。这在很大程度上调动了学生的积极性，能让他们在自主探究过程中真正掌握 PLC 操作的基本知识，真正学会按照生产需要进行数控过程的方法，学生的创新思维在此过程中受到了很好的训练。

综上所述，大量课堂教学实验证明利用 PLC 模拟学习软件实现 PLC 课堂教学是有效的。学生利用电脑上机模拟实验就能够更好地理解和消化已有知识，并利用 PLC 模拟学习软件进行教学人机交互，修改一些命令、过程，这可以大大地调动学生的学习主观积极性，让他们体会到成就感，在学时也更加兴趣盎然。

五、三菱训练与模拟软件在 PLC 课程教学中的运用

PLC 技术是在传统继电接触器控制与计算机基础上发展起来的，程序操作比较简单，在工业生产控制领域具有广泛的应用，已成为当今工业中生产智能化管理的三大支柱之一。当前在 PLC 程序设计中还有许多需要实践的操作练习，所以能够将理论知识和实践相结合的教学方法就显得尤为重要。较之于传统 PLC 课程的缺点，三菱训练与模拟云计算平台在 PLC 课程教学中的优点主要体现在以下三个方面：第一，以较少的资金支出可以取得较大的学习效果；第二，硬件余地较大，能为实训提供更多机会；第三，摆脱了传统场地的空间约束，练习环境更加自主化、灵活多样。

（一）三菱训练与模拟软件在教学上的优势

理论知识与实际相结合在 PLC 课程中非常关键。基本知识点比较容易把握，而复杂的知识点应用起来效果则不甚理想。但三菱 PLC 训练与模拟软件作为解决该难题的最有效方法之一，刚好可以把理论知识和实际有效结合，能为学生带来更多在工业虚拟环境中实际演练的机会。三菱训练与模拟软件学习的优点主要在于以下两个方面：第一，使用较少的资源能够达到较大的学习效果，能降低学习成本。较之实际的 PLC，模拟的 PLC 所占据的资源相对较少，效率更高，质量也更高；第二，由于硬件存储空间很大，它为实训更多项目创造了条件。三菱训练与模拟软件的主要内容包括六个等级练习单元，软件内容从易到难，逐层递进，可以激发学生学习的积极性。

（二）现代计算机 PLC 模拟的注意事项

三菱训练与模拟软件教学在既有上述优点的同时，还有必须注意的地方，主要包括以下两点：第一，在模拟以后需要对实际运行中的时间点数分配方法加以完善。组态软件与虚拟元件之间可采用虚拟 I/O 口的方法加以串联，连接方法也需要在课堂上加以讲解；第二，在模拟后也需要设置课题来提升教学的实践性。模拟教学主要是为了培养学生的程序编写能力，但在教学实践中，PLC 的程序设计和使用还必须通过其他操作进行辅助，而模拟教学与实践既有区别又有一定联系，应互相融合，才能够更好地实现教学目标。

（三）三菱训练与模拟软件的培训流程与使用

三菱训练与模拟软件的学习阶段一般包括以下几个阶段：首先，阐述 PLC 与继电器控制之间的差异与关系，阐述其性质、使用原则、程序设计方法、开发流程和未来发展趋势；其次，当学生对这些知识点有所了解后，其开始逐步完成三菱训练软件的学习，包括软件系统的设置、基本功能的说明简介等。在教师讲解时，学生也可进行实际操作。因此，教师在讲解中不应仅仅讲解理论，也应当注重讲解实际知识，以让

学生能够在理论的指导下开展实践。而且，教师还应当及早发现学生作业中存在的问题，并对其予以指导。

（四）三菱 FX-TRN-BEG-C 中文教学软件分析

以三菱的 FX-TRN-BEG-C 中文课堂教学软件系统为例，PLC 培训与模拟软件系统在教育课程中的运用可大致被分为四点：其一，程序中包含了大量的图表，这让课堂教学过程显得生动有趣，提高了学生的练习积极性。教学软件可以被分成截然不同的六个模块，各个教学单元都有相应的特殊功能，能帮助学生更有针对性地了解知识点；其二，编程环境会根据操作系统设置给出说明。软件对重难点知识都进行了划分，同时也对每个步骤的运用进行了详尽的说明，这让学生可以循序渐进地了解知识点；其三，学生在练习前，就对 PLC 的基本操作流程有了完整的认识，而练习的主要目的正是希望学生能在了解基本知识点后对其加以应用。学生在掌握基本的程序理论知识之余，还可以按照实际需要加以合理整改，以使程序达到最佳状态；其四，学生之间存在差异，而 PLC 模拟课程则充分考虑了学生在各方面存在差异的问题，因而将软件分成了六个单元，各个单元都从初级、中级至高级过渡，且各级内的问题与难点又不尽相同。教师在具体课程中会针对学生的能力差异，为学生设置合适的科目，力求让每位学生都能得到良好的学习效果。

PLC 课程强调理论和实际的结合，而当前传统 PLC 课程教学不理想的问题大致有三种：其一，教学设备配置不够；其二，很多学校现有的 PLC 系统被控环境多是模拟的；其三，学习方面存在的问题亟待改善。而三菱训练与模拟软件课程教学的优点主要在于以下三方面：第一，较小的资金占用能够实现较好的学习效果；第二，硬件容量很大，能为实训较多项目创造余地；第三，打破了时间的限制，学生的学习过程比较自主。理论和实际相结合在 PLC 课程教学当中非常关键，而三菱 PLC 训练与模拟软件刚好可以把理论和实际有效结合，为学生创造更大的实战平台。实践证明，三菱 PLC 训练与模拟软件被引入 PLC 课程切实可行，有利于提高学生对概念和具体知识点的熟悉度，还可以提高学生的学习积极性。

六、PLC 维护与修理

（一）工业生产中影响 PLC 的主要原因

工业生产中影响 PLC 的主要原因，通常归结为高温、潮湿、机械振动、空气环境、供电影响等几个方面。在 PLC 的系统维护工作中，人们具体需要关注下面五个方面。

环境温度控制。PLC 的工作温度需要被控制在 0~55 ℃，且放置时不要置于发热量过大的元器件之下，四周供给散热的空气也要够多。

相对湿度。为提高 PLC 的热绝缘性能，压缩空气的相对湿度宜低于 75%，无凝露。

振动。一般要求 PLC 不能靠近强大的震荡源，也要远离震荡频段为 10~55 Hz 的高频或持续震荡，当然，在应用工作环境不能远离靠近震荡源时需要进行降噪操作。

空气。放量环境中不能含有腐蚀性气体或者易燃易爆物质的空气，如二氧化硫。如果环境空气中含有过多灰尘及腐蚀性空气，应把 PLC 放置于密封度较高的控制箱内或放在通风场所。

电源。电源线对 PLC 所产生的干扰也有着一定的作用。当处于对设备安全性要求较高或供电干扰非常强烈的场合时，应该设置一个带有屏蔽层的隔离变压器，以降低对设备和地间环境的影响。通常，PLC 都有直流 24 V 出口来供电给输入端，但是如果输入端需要外接直流供电，则应采用直流稳压电源。因为一般的整流信号滤波供电在受到频率干扰时会导致 PLC 接收到错误信息。

（二）控制系统中的干扰及其来源

现场的电磁干扰问题是在 PLC 控制中最常见而且容易直接影响执行可靠性的重要原因之一，所以治标要治本，找到问题所在，才能提供有效解决的措施，而这需要先要知道现场干扰的根源。

（1）强开关电源干扰。PLC 系统的全部常规电源均为国家电网供电。因为供电范围很广，所以它会经过各种空间的作用而在电网系统上形成感应电压。特别是在电网系统内部的电流上，刀开关的突破、大型开关电源装置起停式、交直流传动装置所形成的谐波传动、供电系统短路或暂态冲击等，均可经由交流输电线被送到电源系统周围。

（2）柜内干扰。控制柜内的高压电器以及大量的电力感性负荷、杂乱的配线都很容易对 PLC 系统产生一定程度的影响。

（3）来自数据接收器传入的影响。与 PLC 控制器相连的各种数据传输线，除传递有效数据外，总有外界干扰讯号可以进入。其影响大致有两个方式：一是变送器提供电源及共用数据仪表提供电源串入会产生生电网影响，但这常被忽略；二是信息线所受太空内电磁辐射反应的影响，又或信息线所接收的对外传感影响，这也是相当重要的因素。后者将导致 I/O 的功能失常和检测准确度降低，更严重的还可导致电子元器件的损坏。

（4）来自连接或系统混乱后的影响。接地是改善计算机电磁兼容性能的有效方法之一。合理的连接既可控制电磁干扰的作用，也可控制电气设备向外产生扰动；但不合理的连接却可能产生强烈的干扰信号，使 PLC 控制系统不能正常运行。

（三）主要抗干扰措施

（1）要对开关电源进行合理处置，以控制供电系统所引起的扰动。针对开关电源所引起的电网干扰可设置一个带屏蔽层的时变比为 1：1 的隔离变压器，以降低对设备和地间的影响，同时还可在供电输入端口串接 LC 滤波器电路。

（2）设备安装与接线、发电机线路、监控线和 PLC 的供电线与 I/O 线相互之间要分开配线，隔离变压器与 PLC 的 I/O 部分相互之间应实行双绞线连接，还要将 PLC 的 I/O 线与大功率线路分离走线。在一个线槽中，可依次绑扎着交换线、直流线，如果条件许可，分槽使用会更好，这样不仅可以使设备保持在尽可能多的空间位置上，而且可以使设备干扰减至最低程度。

（3）PLC 系统应避开重大干扰源，如电接头、高威力硅整流装置和大型的动力装置，也不要和高压电器系统放置在同一开关柜中。在开关柜中，PLC 要避开电源线路（二者之间相距应超过 200 mm）。与 PLC 装在同一开关柜中的电感性负载，如功耗很大的继电器、接触器的电流输入线圈等，要串联 RC 消弧电路。

（4）PLC 的输入和输出应尽量分开走线，开关量和模拟量也应尽可能分别敷设。模拟量信道的传送要通过屏蔽层，而屏蔽层必须一侧或两头都连接，且接地电阻要小于屏蔽层电阻的 1/10。

（5）交流输出线与直流输出线之间不能采用同一条导线，输出线路也要尽可能避开高压线与空气动力线路，同时也尽量避免并联的情况。

（6）I/O 端的接线。第一，输入口接线通常不宜过长，但当环境影响较小、电降也不高时，输入口接线仍可适当长些。输入/输出导线之间不要选用同一条电源线，而且输入/输出导线之间必须分离，应尽量选用以常开触点形态连接的输入端子，并使编制的梯形图和继电器开关工作原理图相符，方便识读。第二，输出端子接线包括了单独输入/输出和公用输入/输出。在不同组中，可以选用不同种类和压力级别的输出电流。而在同组中的输入/输出，可以选用相同种类、相同压力级别的供电。因为 PLC 的输入/输出模块都被包装于印制电路板中，并焊接于同一个端子板，所以如果输出模块中的负载短路时，电流将破坏印制电路板。而采用继电器开关输入/输出时，所接受的电感性负载电流的多少将干扰到继电器开关的寿命，所以在采用电感性负载时要正确选用电流，并隔离电源。隔离电源会对 PLC 的输入/输出负载可能产生影响，所以应采用保护措施对其加以控制。

（四）合理选择接地点，完善接地系统

良好的接地设计是确保 PLC 安全工作的关键条件，也能够防止偶尔出现的大电流的冲击影响。接地的目的一般有两种，一是确保工作的安全性，二是抑制电流干扰。完善的接地线也是 PLC 控制器接地装置的主要保护措施之一。目前，可将 PLC 控制器的接地线分为系统地、屏蔽地、交换地和防护地等。接地系统混乱对 PLC 工作环境的影响主要是不同接地方电势分配不均，在各个接口处产生了电位差，从而产生了环路电压，严重影响了系统的正常运行。架设光缆的遮蔽层需要一点接地，一旦电缆屏蔽层两端的 A、B 都接地了，电位差将会产生，从而产生大量电流通过遮蔽层，但一且出现非正常情况，地线电压就会变大。另外，由于屏蔽层、接地线与地面会形成闭合回路，因此在变化场的影响下，屏蔽层内部也可能产生感应电流，进而通过屏蔽层和缆芯间的相互耦合干扰信号回路。如果系统地和其他接地设备处理紊乱，地面所形成的极地季风环流也会在地线上形成不等电位分布，进而干扰 PLC 的逻辑回路和模拟回路的正常功能。PLC 工作的逻辑电流扰动容限一般较低，而逻辑地电势的分配与扰动极易危害 PLC 的逻辑计算与大量数据信息存储，造成数值错乱、程序跑飞，甚至死机。同时，模拟的电位变量的错误分配将造成检测准确度降低，从而造成对地面信号测控的严重失真和误动作。安全接地以及供电连接将电源线接地端与柜体相连接的为安全接地。应使 PLC 的系统接地与直流接触器的开关及供电负端部连在一起，以控制系统接地。

（五）对变频器干扰的抑制

在使用变频器对构成的自动系统实施管理时，在许多情形下是需要通过 PLC 与变频器相配合来使用的，变频器在与 PLC 实现结合时需要注意以下问题。在开关与指令信息的输入/输出方面，当采用继电器触点时，往往会由于交流错误而产生误动作；当采用结晶管实现连接时，则必须充分考虑结晶管本身的电压、电流容量等因素，以保障体系的安全性。在设计变频器的输入/输出信息电路时还应该特别注意，输入/输出信息电路连接不当有时会产生手电机变频器的误动作。当输入开关信息进入自动化变频器中时，有时会产生外部开关电源与变频器控制开关电源（DC24V）相互间的串扰。正常的接线方式是直接使用 PLC 供电，由外围晶体管的集电极通过二极管直接接入 PLC。而对于 PLC 本身而言，其应该按接地规范和接地要求予以接地，同时也应该不与变频器使用共同的电源线。

（六）PLC 维修

一般而言，PLC 都带有自检测模块，PLC 维护的技巧就是在 PLC 异常后应该充分利用其自检测模块来判断问题根源。例如，当 PLC 发现异常情况后，其可先测试电源电压、PLC 及 I/O 端子的螺钉等接插件是否有松动，或者有没有其他问题出现，接着，再通过在 PLC 基本模块上安装的各种 LED 指示灯的变化情况来测试 PLC 自身与外界是否存在异样。

1. 电源指示（【POWER】LED 指示）

当向 PLC 基础单元供电时，在基础单元表面上设定的【POWER】LED 指示灯会亮。假如电路闭合但【POWER】LED 指示灯还不亮，需要先确定电路接地。此外，当同一开关电源中有电流驱动传感器时，需要先确定是否有负载短路保护以及过电压的情况。如若没有这些因素，则或许是由于 PLC 内部混入了导磁性异物，这可能会使基本单位内的保险丝熔断，此时便可采用替换保险丝来处理。

2. 出错指示（【EPROR】LED 闪烁）

当编程方法出错，如忘记了正确调整定时器或计量器的常数等，或由于特殊噪声、导磁性杂质混入等因素而导致程序内部的数据发生变化时，【EPROR】LED 即点亮，PLC 则保持在 STOP 状态，同时输出值将转为 OFF。在这些情形下，要检查程序中是否存在问题，检查有没有导电性杂质混入和高强度噪声源等。

3. 出错指示（【EPROR】LED 灯亮）

检测流程中如果发生了【EPROR】或 LED 灯亮闪烁的情况，需要立即进入程序检测。当【EPROR】的 LED 灯依然处于灯亮状况时，需要先确定一个程序运算循环是否过长，可通过监视 D8120 了解最佳的扫描时间。

4. 检查输入指示

不管输入与输出单元的 LED 灯亮或熄灭，都需要先检查输入与输出信号开关是否在 ON 或 OFF 的状态。而当输入及输出开关与 LED 灯用电阻串联时，尽管输入与输出开关已在 OFF 状态但串联电路仍然导通，其仍能对 PLC 实现正常使用。若采用光传感器等输入装置时，发光/受光部位沾有油污等会造成敏感度改变，装置有可能会无法全部进入 ON 状态，在比 PLC 计算周期短的时段里，也无法接收到 ON 和 OFF 的输入。而且，如果在输入或输出端子上加不同的电流，输入或输出电路就会被破坏。

5. 检查输出指示

输入/输出模块的 LED 指示灯无论亮或者熄灭，一旦负荷无法实现 ON 或 OFF 状态时，它就会与变压器的触点黏合。

第四节　PLC 模拟教学

一、运用 PLC 模拟软件进行 PLC 设计教学

"机床电气控制与 PLC（可编程序控制器）应用技术"是机械类学科的一门非常重要的技术基础课。因为该课程以解决实际工程中的具体问题为主要教学目的，而且可以被直接运用到工业生产现场，所以教学中的教材设计部分就变得尤为重要。在课程上，笔者采用了理论教育和实际操作相结合的教学方法，专业课程设计以理论训练为主，会结合运用技术理论和知识处理具体技术问题培养学生的实践能力，让学生在掌握技术理论知识的同时动手实践，使其利用实际操作了解和掌握工程基础知识。使用 PLC 模拟程序组织 PLC 的课程设计，能够更好地训练学生对 PLC 编程的调试技能，帮助教师解决因教学资源紧缺所导致的课程设计中单纯以编程与答辩为主的问题。

（一）课程设计中存在的问题

PLC 电力控制器的设计与调试在现代工程管理中的核心地位越来越突出，在这样的历史背景下，各学校电力技术类学科普遍会把 PLC 电气控制当作一门学科的核心课题。但在实际教学过程中，教师会更多地把教学重心置于原理介绍与程序编制等方面，不重视在硬件接线与故障排查等方面的课程，最突出的问题表现为软件教学和硬件接线教学两方面的整合不足。同时，实训资料的缺乏等问题使得实际教学质量无法提高，但通过引进模拟课程并开展相应研发和探讨可有效解决此类问题。宇龙模拟教材能克服教学过程中出现的许多困难，但在细节层面还是有需要完善的地方：一是电气实际中的电路干涉等现象在模拟中无法出现；二是各种现场条件对低压电气设备产生了干扰；三是配电技术的操作要求等在模拟环境中无法进行模拟。

对于第一个问题，教师可在实验室中将强电信号与弱电信号不做分离处理，通过案例教学，让学生了解信息干扰在系统中的存在；对于第二个问题，教师可通过模拟教学和实际教育相结合的方法在模拟中重点训练编程接线，针对环境变化导致的电气设备问题，教师可组织学生去港口工作现场，让工作人员介绍工作环境变化对电气设备的影响，同时也可让其介绍工作现场的具体故障，以加深学生的理解；关于第三个问题，在课堂教学过程中可采用与其他学科的交叉课程来解决，如在 PLC 授课前，教师应先完成电工工艺课程的教学任务，以让学生了解电气设备施工的规范，之后，在模拟课堂中再由教师对学生电气接线问题的工艺规范进行考核。

由于采用了模拟课程，在确保教学的情况下，一个模拟实训室再加上一个 PLC 实物实训室就能够适应 PLC 的教学内容，且电气单元的损耗也会大大减少。教师的示范与学生的知识双向交流充分，反馈良好。该项目的课程设计以 PLC 应用为主，试题以现代工程技术为背景，要求学生应按照题目的使用场景和毕业设计的要求完成毕业设计和测试。在产品设计程序中，当程序编制完毕后，在程序调试前，学生必须先和现场 PLC 进行连接，以观测程序运行状态，从而不断地调整编程，实现正确控制的目的。因为目前许多学校的实验教学设备比较紧缺或者多个学科共用一个 PLC 室，所以难免会发生在教学设计中部分学校无法利用教学实验仪器完成教学设计的情况。因此，在缺少相应的 PLC 装置的情况下，教师需要另寻方法测试编程。在这种情形下，怎样寻求 PLC 课程的突破口，来解答这一难题呢？经过教学实践与探讨，笔者觉得使用 PLC 模拟软件，并整合该专业已有的电脑教室，就能够解答这一难题。

（二）CX-Simulator 模拟软件的特点

因为实际学习环境的 PLC 都是以对 OMRONCPM 系列 PLC 的基础操作与应用为主的，所以模拟环境选择了与其相对应的 CX-Simulator 3.0 模拟环境，该软件能够模拟 OMRON 企业所制造的 PLC，而实际并不能使用 CPM 系统的 PLC，这与实际需求又发生了冲突。但因为 CPM 系列和 CS/CJ 系列 PLC 的梯状图形编程语言可以在较大范围内有效并行，所以也可采用其他方法来实现它的使用。

（三）模拟 PLC 的编程和调试

（1）宇龙机电模拟软件系统的使用解决了实训设备数量不足的问题，并能随着仪器设备的提升实现软件系统更新，从而实现模拟软件系统和现场仪器设备的高度结合。由于在 PLC 培训过程中学生的掌握能力不同，其专业知识和技术掌握情况也参差不齐，因此这可能会造成教学设备的损坏，在学生注意力不集中的状况下，毁坏 PLC 机械设备和低压电器的事故常会发生，教学效果也会不是很好。模拟软件具有可重复使用的特点，不会造成机损，因此可以解决教学设备的欠缺问题。

（2）宇龙机械模拟的软硬件功能连线与编程方式灵活多变，图像画面丰富多彩，在确保教学内容与技能要求衔接的情况下，能高效集成继电器控制、PLC 控制、变频器控制等，也能使学生的积极性大为提高。设置螺纹加工系统，利用仪器选型增加多样化的配置设置，可以解决实物教学类型单一的问题。其按键、接触器、PLC 类型等的选项都可以多次被更改，学生可以通过选型遴选出能实现实际控制需要的所有电器。

（3）软件的模拟应用应贴近现场实际。在确保选型无误和实现合理接线的基础上，学生还可实现 PLC 的编程设计，模拟软件的编程界面和工作方法均与实际 PLC 一致，并达到了模拟和实际的高度统一，学生在二者之间转换无压力，并可有效衔接它们。

（4）采用模拟软件教学。随着程序的接线和编制的完成，学生可以直接检验其系统设置准确与否，同时，模拟软件是动态程序，PLC 系统的操作可以在模拟环境中直接实现，与实际情景无异。在使用控制系统的过程中，其若存在编程问题或接线有误，教师可以通过对仪器的检查训练学生排除故障的意识。PLC 课程中利用模拟程序，利用"设置→实验→测试→问题消除"的方法，可以帮助学生梳理对 PLC 电气控制系统使用的基本思路。

（5）模拟课程。教师可合理采取项目引导、任务驱动的全新教学模式和管理手段，并针对现场具体的教学管理需要设定各种管理对象，遵循从简入繁、由一般到特殊的原则，以让学生熟悉 PLC 教学的知识点。

（6）将模拟软件与职业资格的训练过程相互融合。模拟软件具有灵活多样的特点，且其与学生现场实践的高度一致性，因而在 PLC 与职业资格训练过程中，它可成为学生训练的主要手段，从而提高学生训练的有效性。

（7）OMRON 模拟 PLC 的程序设计与调试采用了 CX-Programmer 3.0（CXP3.0）程序设计软件，是与 CX-Simulator 模拟软件系统共同完成的，具体的模拟过程有如下内容。

第一，建立进程及安装程序设计系统软件。首先启用软件 CXP 程序设计系统软件，并新增一组项目，确定要模拟的 PLC 的模型 CPM2＊（CPM1A）并建立控制梯状图的软件系统。程序编完后，再更改 PLC 模型的 CS/CJ 模式。

第二，启动和选择模拟控制器运行 CX-Simulator1.9 时，有一个界面，其上有两种选择，前者"CreateanewPLC"为第一次执行选择，而后者"OpenanexistingPLC"则可作为再次打开时的选择。首次操作使用 PLC 进行控制，选择"CreateanewPLC（PLC Setup Wizard）"，可通过选择 LNGZ32 向导生成一种新的 PLC，单击 OK 按键，将生成一个新资料夹，再单击"下一步"按键，能将选定的 PLC CPU 设为 CS1G-CPU45，随后能产生设定新 PLC 单位模块类型的选择，其中，"（CS1G-CPU45）"是 CPU 单位卡。

在 UnitSelectI/OnList 选择单元卡类型，可在选中后点击 CX-Simulator 连接界面。在 Virtual 选通信方式 ControllerLink，点击 Connect 连线，完成后，NETWORK 指令灯会变绿，要记下缺省的网络位置 0、节点位置 10，然后单击 Close 暂时关掉此场景。若进行 File 菜单下的 WorkCX-Simulator，就能再次打开 Connect（连线）与 Disconnect（断开连接）的页面，然后再单击最左侧的执行按键，PLC 便进入了开始监控阶段，这时 PLC 控制面板上的 RUN 指令灯会变绿。当学生测试 PLC 的编程时，一旦发生梯形图程序无法正常执行的情况，其就必须检查此按键或控制面板的运行情况。此时，所有虚拟 PLC 随即全部进入正常工作状态，学生即可开展用于测试的 PLC 编程工作了。

第三，用 CXP 连接 PLC 模拟器。学生在 PLC 模拟器中完成程序后，就要开始调试梯形图编程。在调试时，PLC 编程器的 CXP 3.0 必须选用与模拟器相同的 PLC 种类和 CPU 种类，并且网络形式必须选用 ControllerLink 或 FinsGateway。在其右边的 Settings 和 FINS 目的位置填入与模拟器连接后的位置 0、10 并存档，下次启动时该工程就不需要再重新设置。此时，如果 PLC 梯形图已经编制好，学生就可将它与模拟器直接相连，然后单击快捷图标"工作实时模拟（Ctrl-Shift-W）"，连线完成后，对话框会自动产生，学生需要把程序下载到 PLC 上，并为开始调试程序做好准备。

第四，模拟输入与 PLC 一样，模拟器上并没有真正的 PLC 的输入与输出接口，但可通过功能"置"和"强置"之间的状态来完成。例如，在按下按钮 0.0 后，单击鼠标右键，前设定为 ON，后设定为 OFF，则相当于先按下后再松开该按键，以此类推。学生也可以通过自动调节整个程序的一些触点状态来连接或断开整个程序的调试。当程序的执行情况不满足设计条件时，可重新选择"工作在线模拟"快捷图标，将程序下线或对软件加以调整，接着再继续下载软件、执行程序、测试运行情况或查看具体程序的执行情况，然后继续执行以上过程，完成程序调试，直到满足设计条件为止。在实际的工作环境中，人们也在应用 PLC 模拟软件，虽然模拟软件中缺少实际 PLC，在程序调整过程中无法实际运用现场技术，但也可以在实验室中被用于编程测试或者对新手加以训练。目前，部分企业正使用 PLC 模拟软件系统结合上位组态管理软件完成工业生产模拟系统软件部分流程的研发。这样，学生能提前了解 PLC 模拟软件系统，这无疑能为其日后从事相关工作打下基础。

综上所述，学生使用 PLC 模拟软件实现 PLC 设计是可行的，而且能够获得较好的效益。同时，学生利用电脑直接上机模拟实际，能够很好地观察和消化学到的知识，并且能利用 PLC 模拟软件系统进行人机交互。学生能够先尝试修改一些命令、程序，再看设计成果，这极大地调动了其学习热情，同时也克服了校内 PLC 教学实验设备紧缺的困难。实践证明，利用模拟软件进行工程设计等活动，能够使学生大大地提高自主学习的能力，并使其在课堂学习以外自主进行 PLC 模拟软件系统的编程模拟，掌握更多的 PLC 的编程技术。

二、PLC 模拟软件在课堂教学中的运用

PLC 的发展更新速度很快，其在工业生产管理中已经获得了普遍的运用。为满足现在的就业形势，电气控制以及 PLC 应用技术这门必修课现已是机电一体化专业的一门主要专业课程。

从内容上来看，以微处理器为基础的 PLC 要与计算机技术、自动控制技术相结合，才能用来实现企业智能化。PLC 要求学生具备电工的基本理论基础和实际操作能力，但 PLC 的发展更新较快，学生没有较多动手应用的机会。在这样的前提下，如何才能够提升 PLC 教学质量呢？经过几年的实验与教育探讨，越来越多人相信知识实践一体化课程才是这门课程的发展方向，而教师唯有使用 PLC 模拟软件才可以更具实效地指导学生掌握 PLC，因此，PLC 模拟软件必须具备如下特性。

1. 生动图片的应用

兴趣是最好的教师，有了兴趣，学生才有学习的动机与热情。生动有趣的图画能够调动学生掌握 PLC 的积极性和激情。当学生对 PLC 教学开始喜欢，其就有了求知的渴望，才会勤于思考、勇敢开拓创新。

2. 模拟场景的应用

借助在 PLC 模拟软件中对模拟场景的设计、模拟操作，学生能够更加直接地掌握 PLC 的工作原理，对 PLC 工作程序也有了更加具体、形象、全面的理解认知。学生能根据实际操作条件进行模拟操作，发现编程中的漏洞，反复修正，以便实现优化编程、掌握程序的目的。经过循序渐进的练习，学生能够在任何一种情景中完成编程练习，画出梯形图，完成 PLC 模拟执行动作，察看模拟操作结果是否符合要求，确定所有元器件、编程状态无误，进而培养自己使用 PLC 的能力。

模拟软件在国外已普遍被采用，该软件可以直观地在画面中检查 PLC 控制的结果正确与否，为程序设计与测试提供了很大的便利，实现了对操作者思维的直观转化，因而是日常课程中一种十分有效的教学方法。

三、PLC 在火箭模拟控制系统中的应用

PLC 具备安全性高、程序直接、维修简便等优势，在机械设备制造业生产应用领

域中获得了广泛应用。PLC 技术与数控系统、工业机器人等共同被称为支撑机械设备制造业智能化的三个支柱产业。目前，电子与自动化技术类专业普遍都设立了 PLC 课程。该课程的授课教师通常会在讲解 PLC 的几个主要理论的基础上，再选用 1~2 种类型的 PLC 开展软硬件基础和操作等内容的教学。但因为 PLC 是一门实用性很强的微机类专门课程，所以单一的教学很难使学生完全掌握 PLC 内部的某些软元器件，如各种线圈和接点。同时，由于 PLC 教学侧重于工业控制系统，一般的实验课堂可以满足单纯的逻辑触点操作的教学，但对于更复杂的工业控制器的教学，其却无能为力。学校通过对近几年的 PLC 教学进行改革，能创造性地将 PLC 模拟软件应用于实验课堂，这不但增加了课程，同时利用模拟软件中丰富而形象的动作模拟也能让学生更为直接地了解 PLC 的程序资源。在火箭设计中，PLC 在地面的发射系统（以下简称测发控系统）负责完成对火箭上的各子系统检测、综合检验、射前和最后发射控制等工作，会直接影响最终发射工作的结果，因此考核测发控系统的准确性就变得尤为重要。近年来，运载火箭的目标密度愈来愈大，原来的模拟系统越来越不能适应短时间、高质量的需求。高集成度、高自动化是当前模拟系统最关键的系统技术指标。

（一）系统组成及功能

1. 系统组成

PLC 是一个很常见的工业控制器，它可以在多个不同的工业场合正常运行。它对操作条件的要求相对较低，抵抗外界干扰能力较强，平均无故障运行时间（MTBF）较长，这也是 PLC 在许多领域中获得应用的主要因素。

模拟控制器主要由信号控制模块、PLC 和工业计算机等构成。信号控制模块主要由继电器控制板和时序信号模块构成，是模拟控制器与地面测发控制系统之间的主要连接部分，一方面将地面测发控系统所产生的控制指令信息隔离转换为与 PLC 接口相符的信息，另一方面将 PLC 的控制信息隔离转换为与箭地口相一致的信息供测发控系统使用。由于 PLC 采用了以太网与工业电脑（即上位机）相连，因此，使用者可以借助上位机软件即时监控 PLC 的工作情况。

2. 系统功能

模拟系统一般是指模拟运载火箭的供配电自动化控制系统和时间指示控制系统。供配电自动化模拟系统模拟能再现运载火箭的供配电系统设计逻辑，并考核检验地面测发控系统对火箭的供配电自动化控制功能。时序模拟系统能模拟火箭时间命令，以考核试验地面测发控系统的时间命令测试功能。

（二）系统硬件设计

1. 供配电模拟硬件设计

继电器分离回路实现了供配电指令输入/输出和 PLC 输入/输出单元的分离，从而实现了模拟控制系统 PLC 和现场测发控制系统之间的独立性，确保了系统运行的稳定性。PLC 的输入/输出模块驱动继电器控制电路可发出对应的供电指令信息。

2. 时序模拟硬件设计

时间模拟控制系统采用继电器隔离电路接受激发信息，该激发信息能将时序控制系统的时间由 PLC 从零点触发计数，然后能在指定的时刻输出脉冲信息，并经时间信号将处理电路转换成与系统信息相符的时间信息。

（三）系统软件设计

模拟软件包括了 PLC 应用软件与上位机软件，以及上位机和 PLC 间经过以太网的 UDP 通信协定。UDP 通信协定采用计算机网络 OSI 架构中的数据传输层，而 UDP 协定又称为用户数据帧协定，主要被用来进行电脑/工作站与联网的 PLC 间的数据传输，其能够实现高速传输，但无法提高数据的准确性。而模拟系统 PLC 则利用了 UDP 通信协定高速传输的特性，实现了上位机对 PLC 的实时控制。

模拟系统 PLC 将当前的运行情况以 UDP 形式传给上位机，由上位机软件接受 UDP 报文，并把报文的内容呈现在软件系统页面上，起到了实时控制 PLC 目的的作用。另外，上位机也能够利用以太网通信向 PLC 传输控制指令，PLC 在接受了控制指令后会进行相应的控制运算。

（四）系统扩展应用

该系统还能够利用以太网光端机连接到远程监控电脑，并对其进行远程管理和监督，就算不在工作现场，人们也能够即时掌握控制系统当前的工作状况。

（五）教学模式

以三菱公司 FX2N 系列 PLC 为教学机型，教师在通过系统的多媒体软件进行程序命令、程序范例介绍的基础上，再利用模拟案例加强学生对 PLC 运行基本原理、程序命令、程序设计技术的掌握。学生可以自己编程，以完成 PLC 控制系统试验。

目前，PLC 课程中的具体讲解部分主要包括 PLC 内在信息、PLC 逻辑命令、PLC 性能命令、PLC 程序设计方法、PLC 程序设计案例等多方面内容。在具体讲解中，教师除了要对 PLC 的内在信息加以全面说明外，还应该将先修课程单片机的内在信息和 PLC 的内容加以比较，以便增强学生对 PLC 内在信息的理解。另外，在对 PLC 的命令加以全面说明的过程中，教师应根据先易后难的次序，根据 PLC 的内在信息依次对各程序命令的助记符号、属性、运算方法、命令格式等方面加以说明。另外，在整个教学过程中，教师应利用模拟软件设计出模拟案例和知识点对照表，以实现学生熟练掌握 PLC 运行基本原理和程序操作的目的。

（六）教学模拟实例

PLC 命令模拟结果模块的重要功能在于能通过对已经读入的句法和语义构造给出

特定的含义，使之产生 PIE 的 CPU 的各种功用。对命令模拟结果模块而言，其输入便是通过句法分析模块产生的句法树中所包含的各种信号。这一部分要针对不同的 PLC 的各种功能具体实现，PLC 程序可以被视为由专门的程序设计语言（梯形图、语句表等）所编制的源程序，其不可以径直被计算机系统所运行，而需要被翻译成机械语言。PLC 程序模拟运行也就是一种对 PLC 语言的编译过程，一般有编译和解析两种方法。学生当逐句解析进行完成后，就相当于完成一次扫描周期。尽管这种方法的速度较编译法慢，不过通常情形下，速度仍在容许的范围内，同时，学生采用解析法也可以使模拟流程更贴近实际 PLC 中循环扫描的工作流程。

模拟技术随着计算机应用技术的发展而来，是对工业生产过程进行研究、判断与调整的有力手段之一。合理地开发控制模拟软件系统，能够达到投入小、效益好、见效快的效果。在工业控制方面，工业朝着高速度、大型化和自动化的方向发展，大量的制造装置或控制管理装置的使用使生产成本不断上升，对相关人员技术能力的要求越来越高，模拟软件系统能够更加真实地接近现场管理实际。

对控制对象的模拟工程设计主要包含两个组成部分，即模拟对象的工程设计和操控模拟对象动画的脚本程序的产品设计。模拟界面（虚拟被控对象）可利用组态王软件中的子图链接、窗口链接，或使用图形处理的方式将基于设定形式的功能呈现出来，或依照操作系统规定在原软件功能基础上对系统进行二级开发，或使用动画、音频等链接功能使设计的人机界面变得友好、生动。在 PLC 课程中，知识掌握的难度主要取决于学生对 PLC 内部技术的掌握以及对梯形图编程技术的了解。模拟系统以各种小尺寸部件分拣的控制过程为例，能对整个 PLC 体系加以说明，从而能提高学生对 PLC 的所有软部件结构的了解以及对 PLC 梯状图程序实际运动控制过程的掌握。

学生按照控制条件编制 PLC 梯状图形并将其加载到虚拟的 PLC 上，然后进行联机模拟，可通过观察控制器右边的指示灯的变化来了解其所模拟的实体运动的状况，就能够比较直观地掌握实际工作情况。学生透过梯状曲线上各个接点和导线的位置可知每种继电器的通断以及每条指令的实际用途，以便获得与实际控制一致的控制目标。

教师应利用模拟软件对控制系统实例讲解时，要求学生除了解最基础的 PLC 命令与使用原理之外，还需要独立编写 PLC 梯形图；要求学生进行全系统的 PLC 建模与仿真工作。在后期的实践教学活动与工程设计过程中，教师应要求学生利用 PLC 理论知识独立完成实践作业，这相当于在理论知识与实践中间又增加了模拟环节，将明显提高学生的实践成功率。

PLC 模拟软件在课堂教学中的运用突破了传统 PLC 教学方法的限制，能把 PLC 的控制特点和模拟画面紧密结合在一起，这既充实了 PLC 的内容，也极大地提高了学生的学习兴趣。该模拟软件系统被贯穿于 PLC 的整个课程中，在多媒体教学中，教师以动画方式展现了 PLC 的控制流程和成果，既形象又直观，极大地强化了 PLC 课堂的教学效果。从近三年的 PLC 实践课堂教学来看，教师利用 PLC 模拟软件开展课堂教学，进一步充实了课堂内容，增强了学生对 PLC 软硬件资源的认识，能使其较快地熟悉 PLC 控制系统，同时，学生的 PLC 程序设计技能也明显提高，进而为 PLC 实践学习打下了扎实的基础。

阶梯图形是由许多阶梯组成的，在阶梯图形的人工编制过程中，学生应遵循从左到右的规律，通过逐个阶梯完成编制。所以，阶梯图形实质上是一组有向的图形，在绘图过程中，通过阶梯图链表，学生可了解不同元素所属的行和列。而阶梯图形的编制步骤参照了元素所属的行、列位置，并仿照了人工转换思维，先将阶梯图形编制成一个二叉树，然后再通过二叉树来进行对应的指令。一个阶梯图一般被认为是接点和电路模块之间连接的并联图。但由于电路模块实质上它是由两个或两个以上接点组成的，所以实质上是接点的串联和并联，串联用 "＊" 表示，并联用 "＋" 表示。

根据自上而下、由左到右的规律，梯状图可以被转化为二叉树。二叉树也是梯形图向指令表过渡的重要环节，每幅梯级图都对应着一棵二叉树。二叉树清晰地表示了触点间的联系，能帮助学生根据相应的触点形式完成指令表的编写。

组态应用软件的模拟系统完成的主要原理，就是 PLC 内部各种继电器的工作状态和与组态软件数据库中信息的连接以及该信息和电脑用户界面上图像内容之间的连接。因为 PLC 控制器在真正输出控制信息时，是利用输入/输出继电器 Y 和输入/输出控制器去驱使外界操作的，而外面的控制信息和传递信息则经由输入继电器 X 流入PLC。而在模拟工作状况下，PLC 的输入模块内部与外部是断开的，输入/输出（继电器 Y）的信号通过通信线只与组态软件数据库中的资料进行交流，而这部分资料又与显示器（接口）所呈现的数字内容有联系。当 PLC 的继电器 Y 的各点位置发生变化后，数据库中的信息值会被修改，进而修改相关的图形对象，产生了所需要的模仿实际对象行为的模拟效果。同样，PLC 的输入/输出信息也要和数据库的数据进行联系，对显示器上绘图对象的鼠标动作或通过组态系统软件内部数据变量事件激发而修改与其连接的数据库系统中的数值，就能修改输入/输出信息。在编制 PLC 程序时，要考虑通过对显示器上绘图对象的鼠标动作或组态软件内部变量事件激发给 PLC 时的输入信息，此时，输入信息就是一种脉冲信息。组态控制模拟对象不但能够接收各种由 PLC 产生的数字、模拟的控制信息，同时也能向 PLC 传递数字、模拟的各种信息，与 PLC 实现不同阶段信息的互动，以此体现 PLC 操作和控制的行为信息间的关联。

因 PLC 可被应用于工业现场管理，且 PLC 不同于微机，不能通过监视器察看程序的运行效果，因此，PLC 程序的校验只能与受控对象紧密结合才能完成，所以试验过程相当关键。由于目前 PLC 的应用（管理软件）构建在逻辑计算的基础上，不具有管理能力，且缺乏完善的计算机通信接口，故其可视性较差。例如，将组态程序与PLC 系统有机的融合，以 "集态王" 程序为核心，经过研发，使用 "集态王" 对 PLC系统实现动画集态、硬件配置和功能集态，并利用计算机全真模拟 PLC 的测试环境，PLC 模拟软件将获得巨大的商业成功。

四、PLC 技术与电梯模拟控制系统的设计

PLC 被运用于模拟试验的理论实质是能通过组态软件系统形成模拟实验环境，并用它来调控模拟工作环境中的图像元件，从而实现能够直接看到 PLC 工作状况的目的。以模拟动画的形式显示控制器设计与编程过程的现实运行结果，极大地增强了科研人员参与实践的意识，也提升了科研人员的实践技能，增强了科研人员对该项科技的认识，从而提升了其科学研究的有效性，尤其是在辅助科研人员的创新性试验、培育创新精神方面，意义重大；将模拟程序作为试验设备，对其研发后不需要太多的维修，还能够用其来进行更加复杂的试验。模拟试验以模拟动画为实物模型，这既能够节省试验费用，也能够提升试验的可靠性。

（一）PLC 电梯控制系统

1. 控制系统的组成

PLC 电梯控制系统主要由 PC 机、三菱 FX2N-48MT、SC-09 编程线及应用软件 KingView 6.5、FXGPWINV3 等构成。利用编程电缆 SC-09，与 PC 机的 RS-232 串口、PLC 的可编程接口相连，在上位 PC 上配置 KingView 6.5 并创建电梯控制系统模块、编译程序、创建动态链接等，就能够完成对 PLC 电梯控制系统的动作执行与模拟。

2. PLC 的 I/O 分配

按照电梯运行的流程和对控制器的需求，先设定好控制器所需的输入/输出端口，之后再执行 I/O 地址配置，能使各个输入信息对应 PLC 里面的输入继电器开关，使各个输出信息对应 PLC 里面的输出继电器开关。对于楼梯最小控制器，人们可在电梯轿厢内的控制台上设置各层的选层操作键盘、启动按钮和闭合指示灯、门厅召唤指示灯以及电梯的平面行程控制器。此外，在电梯内还可设置消防应急和报警控制器，共需 14 个电门量的端口。电梯的上、下（继电器正、反转）监控，上、下指示灯，电梯内的启动、闭锁监控，表示一至三层楼的指令，电梯轿厢的各楼层的信息记录指令，各楼层门厅人员呼叫等，共需 16 个开关量的控制端口。

（二）组态软件设计

1. 图形界面设计

在组态软件中设计模拟图形界面，以创建电梯模拟场景画面，内容包含电梯轿厢、轿厢内按键与表示部件、门厅召唤按键与指示部件、电梯内牵引电机、启动/停止控制按键等，这使虚拟的电梯模拟代替了现实的电梯物理模拟与模拟操作。创建模拟绘图场景画面，首先需要在工程管理器视窗下单击"新建"图标，创建"电梯系统"工程项目。之后，在工程浏览器视窗的目录文档视窗，点击"文档"→"图像场景画面"，接着在目录文件内容显示范围内单击"新建"图标，启动"画面开发系

统"建设程序，在"建设图像场景画面"窗口，就可以使用组态王提供的画图"工具箱"，按照要求创建绘图场景画面。

2. 数据库构造

数据库系统是整个编程的基础，它能利用定义数据变化反映被控物体的特征，完成图像画面和 I/O 驱动程序之间的连接。数据库系统则是连接上位机与下位机之间的纽带。数据库变量包括了内存变量和 I/O 变量，在这里，内存变量是不要求与任何应用程序交换信息的数据变量，而 I/O 变量则是能与其他应用程序交换信息的数据变量。与 PLC 实现数据转换的数据变量（下位机收集来的信息、发送给下位机的信息）是 I/O 变量，在程序运行过程中，当 I/O 变量的参数改变后，其将会被人们手动打入远程的 PLC 存储设备中，而当 PLC 的信息改变后，组态王的 I/O 信息将会自动更新。PLC 的输入/输出位置都是 I/O 数据变量，当需要设定 I/O 数据变量基本属性时，首先可在"定义数据变量"窗口的"基础属性"页面中输入变量名（如"一楼命令按键"），将数据变量类别设定为"I/O 离散"，寄存器设定为"x3"，数据信息种类设定为"Bit"，读取属性设定为"只读"，数据信息采集频率设定为"100 ms"，然后单击"确定"按键，再进行"一楼命令按键"的数据信息变量的基本定义。

3. 动画连接

确定了数据库系统中变量和绘图场景画面的图素间位置，之后就要进行动画链接。创建动画链接，能够把数据库系统的变化位置直接表现在绘图场景画面上。当变量值发生变化后，场景画面的绘图内容就会以动画的效果显示出来；同时还能够用图形画面的方式管理系统中的数据，这让程序或使用者可以通过图形画面修改数据变量的位置。如此就能完成了图形界面和 PLC 之间的双向管理和模拟操作。单击图像接口中的图像元件，会弹出"动画链接"对话框，学生可按照图像元素的性质，依次设置元素名称和动画连接表达式，如单击"轿厢"图像元件，在弹出的"动画链接"视窗中，点击"垂直移动"，在新出现的"垂直运动链接"视窗的"表达式"框内，将上行运动长度设定为 200，最上边运动长度设定为 200，下行运动长度设定为 0，最下面运动长度设定为 0，然后点击"确认"按键，返回"链接"视窗，再点击"确定"按键，这就实现了电梯轿厢的动画链接。类似地，也可以实现其他图像元素的动画连接。

（三）PLC 电梯控制模拟运行

1. PLC 与 PC 的通信参数设置

组态王程序要对 PLC 实时控制，就必须先对 PLC 加以定位。单击"电梯控制系统"项目，接着在新打开的工程网页信息展示区中单击"新建"图标，找到"设备选择向导"，再按"PLC"—"三菱"—"编程口"依次选定，最后确定机器位置，则上位机 PC 就和实际的 PLC 形成了对应的连接。建立机器间的联系，还必须设定通信方法，才能实现组态王对 PLC 机器的控制和模拟工作，可以设定的方法：波特率

9600 b/s，7 个数据位，1 个停止位置，对偶校核，站号为零。在该通信模式下，应在 PLC 的标准通信格式数据寄存器 D8120 中配置数据 H6086，在 D8121 中配置数据 H0000，在 D8129 中配置 K5。

2. 进入系统模拟运行

当 PLC 状态开关指向"RUN"，组态王的运行 TouchView 对电梯控制器的测试和模拟操作便开启了，能测试电梯模拟界面的操作是否合乎逻辑控制，能测试组态软件对 PLC 的控制能力以及 PLC 对组态软件模拟模式下的控制能力。

利用组态王的 PLC 电梯控制模拟系统，能够在脱离 PLC 的物理控制目标的情况下直观完成对电梯控制器的模拟操作，在控制程序进入实际工作状态前完成测试；其所构建出来的控制器命令程序是能够在与物理数据对象连接后直观实现对控制器的现场监控的人机界面的。所以，在实际运行时，这种程序无论是针对的数量信息还是模拟量信息，其都能够做出接近现实的模拟调试操作，并且还能被运用于教学实践中。在需要有一定时间的物理数据对象信息缺乏的前提下，学生可采用界面模拟的方式对控制器进行设置与调整。

五、组态模拟在 PLC 教学中的应用

（一）PLC 的组态模拟实现

进行 PLC 模拟的实质，就是让一个装置能够直接模拟 PLC 控制器或除 PLC 之外的各种输入/输出设备，而且这种装置还能够通过用户程序（如梯形图程序）工作起来。

为达到上述要求，教师多采用人机接口作为模拟装置。它有着大量的输入/输出指示器，经过设计能够被用于模拟现场的所有装置，并随时显示装置的工作状况；其模拟的指令控制元件能够直接在触控式上运行；同时，它还拥有强大的控制策略构件，使人机接口能够进行数字计算、逻辑诊断、过程管理、数据传递、数值转换、定时器、计量器等，而且能够模拟更智能的控制装置的要求。此外，它的工作方法也和 PLC 系统相似，它采取了循环扫描方法；更为重要的是，PLC 和人机接口内部的寄存器数据都能够被直接读出，这就很好地解决了用户程序的输入/输出与识别等问题，也就完成了对 PLC 系统的模拟。

（二）系统构成

利用软件设计 PLC 模拟控制流程，是指在电脑上操作预先编写好的软件后，用编程来替代硬件（受控对象）的操作，并通过电脑显示器观看控制程序的结果。上位机微机操作系统有西门子 PLC 编程的设计软件 STEP7-Micro/WIN 程序，下位机使用了西门子 S7-200 系列的 PLC。

（三）系统的实现

学生利用设计的应用软件能够模拟各种 PLC 控制器对象。模拟的受控对象不但能够接收各种由 PLC 产生的控制信息，包括逻辑控制器信息、继电器控制信息、脉冲信号以及各类位置信息等，而且还能够根据编程的算法采用动画、数字、图像、标尺等方式，在计算机屏幕上表现出 PLC 的控制状态和结果，也能够让学生直观地在触摸屏上看到 PLC 的控制结果正确与否，还可直接向 PLC 发送各类命令信息，包括逻辑开关控制信息、继电器保护开关信息、中断讯号和位置信息等。学生应利用按键、滑动标尺、数字输入及单选框、复选框等方式向 PLC 发送各类指令并传递各类数据，可根据 PLC 的功能展现 PLC 与受控对象（软件模拟的被控对象）和控制结果间的联系。

（四）机械手控制系统组态模拟实例

1. 控制要求

按下"启动"按键后，机械手应下移 5 s，夹紧 2 s，再上移 5 s，右移 10 s，下移 5 s，松开 2 s，再上移 5 s，左移 10 s，最后返回原来位置，实现自动循环。

2. 变量及 PLC 地址分配

由于教学技术手段的日益发达，组态模拟技术也广泛地被运用到了实践教学中，很好地解决了传统 PLC 教育试验要求实际控制内容的问题。此外，由于模拟管理内容开发简便，研究周期较短，而且具备良好的机械相容性和可扩展性，且不要求维护，集诸多优势于一体，所以开发多种模拟控制内容能够使工程试验教学内容更加多元化，也可以更好地实现工程教育的目的。同时，利用组态软件可以形成对实际工程项目的监控画面，并使其与自动化控制装置构成系统，从而能够更好地模拟工程项目实际状况，极大地提高学生对试验的兴趣。由于系统接线简单，试验效果好，其还可以培养学生的动手能力。

六、PLC 技术在铁道牵引变电所模拟控制系统中的运用

目前，中国在电气化铁路供应系统中的牵引网馈线、牵引变压器、串联或连接电容器的设备等均应用了微机保护装置。该系统中所应用的 TA21 系列铁路牵引变电站大坝安全检测与综合自动控制系统，是由一个 32 位高性能、高可靠性微处理器作为硬件基础构建的成套检测和管理设备，包括 WKH-892 馈线防护监测控制设备、WBH-892Z 主变主安全保护器、WBH-892H 主变压器后备安全保护器、WDB-892 动力变安全监测控制设备、WBB-892 并补安全监测控制设备、WCK-892 普通监测控制设备、WXH-892 信息显示设备七种模块。其主要被应用于电气化铁路牵引主变压器高低压两侧电容量的计算、全系统的监控和状态检测，能够完成高压侧有跨条和无跨条

牵引变电所后备能源的自动投入运用，并具备大负荷录波、通信的自动化能力。铁道牵引变电所模拟控制系统就是对这些二次维保装置的模拟。

（一）系统设计的原则

电气系统设计是为了达到被控目标的特定需要，以改善使用效果与质量为目的的，必须坚持下列原则。

1. 满足要求原则

尽可能地适应受控目标的管理需要，是进行管理的主要前提。适应教学需求是产品设计中的关键原则之一。

2. 经济实用原则

实用也是控制系统设计的一个主要准则。在进行控制系统设计时，学生不但要使整个系统既简洁又实用，同时还要使控制器的应用与维修既简单又经济。

3. 适应发展原则

模拟系统的技术会持续地提升、持续地改进。在模拟控制系统的设计中，学生要充分考虑其在今后的进一步发展、改进、提升等。这就要求在选购 PLC 机种和输入/输出模块时要能满足未来发展的需求，并留出相应剩余量，因此笔者添加了一个 CQM1-ID212 模块，作为备选。

（二）系统工作原理

模拟控制系统的中心是一台欧姆龙 PLC，用它可实现 TA21 系列的六种典型的控制特性，可在提高模拟精度的情况下，降低生产成本。所有传感器和执行器、报警回路等全部为实物，可供检修人员练习，这克服了纯软件模拟系统无法供检修人员掌握和训练的困难，大大提高了控制系统的效率。显示在人机界面的上位机能通过一个 PC 机实现人与模拟控制系统的互动，其剩余电流断路器、隔离开关等与场景相对应，能实时反映现场的实际情况，并对现场状况实施控制。同时，上位机可编制图、走势曲线等，并设定报警上限额，同时可记载电流断路器的工作状况。

学生可使用 PLC 程序设计系统软件，通过 IN/OUT 输入口和输出口，对感应器与运行器相互之间的逻辑联系展开程序设计。PLC 经 RS232 接口能与上位机实现通信，并能将感应器的消息发送至上位机，将控制者的按键信息经过 RS232 接口送到 PLC，再经过传输模块送至运行机。感应器可根据规定时间间隔对正在发生变化的数据进行采集，并转入 A/D 切换，再通过 PLC 发送信息至上位机。上位机需要接收输入信息并按需要与设定值进行对比，如不超设定值，刷新，然后再次利用感应器采集，并重复以上流程；如超出设定值，上位机要提醒下位机，并提供执行信息给相应运行机器，以切断相应断路器并报警。

（三）系统的组成

1. PLC 的选型

由上述的被控对象（变压器、断路器、隔离开关）的基本电气功能可以看出，这种装置主要是对开关量和电流、压力、温度等的模拟量进行控制的，所以，PLC 只需要使用基本通信功能，而不需要特殊功能，这能降低成本。这些主要是定义 PLC 投入/输出点数，统计可编程控制器对变压器和相关器件的控制点数，通常投入不大于 32 点数，产出不大于 20 点数。

2. 传感器及仪表

传感器和仪表是 PLC 检测现场信息的"眼"，这是因为现场各种信息均要通过电流互感器、传感器和仪表之间的变换，才能输出标准信息，并被 PLC 终端所接收。该系统主要可被看作检测电压、电流、温度及功耗等参数的装置，能方便学生模拟训练。

（四）PLC 控制软件

使用梯形图编制 PLC 程序，能提高数控运算的正确性和可靠性。程序结构使用模块化、功能型架构，易于操作、扩充。监控程序主要由以下部分构成。

（1）初始化程序。规定了各寄存器、计量器、PLC 模式、通信方法等的基本参数及初始化值。

（2）数据的子程序。负责对各路开关量、模拟量的收集、滤波、平衡和数据处理。

（3）累计执行时间子过程。对变压器等装置的工作持续时间加以统计。

（4）脉冲量累计子程序。对电耗加以统计。

（5）遥信子程序。检查控制系统、断路器、报警开关等装置的工作情况。

（6）内置初值子程序。根据需要对温度、电耗的累计系数设置初始值。

（7）管理子程序。通过管理上位机的指令或依据实际自控要求实现相关的功能。

（五）PLC 的 I/O 点分配

在该控制系统中，除上电、断线等控制外，还有对变压器系统的过流、欠压，对瓦斯排放的保护。下面以欧姆龙 CQM1-CPU21 的 PLC 控制系统为例，实现 I/O 配置。上电、下断电控制的开关量一般采用干触点即可。过流、欠压和瓦斯排放保护，如果条件许可或者对精度有要求，也可以采用智能互感器、传感器来完成，以提升保护的安全性。

该模拟系统的内核是一个 PLC，因为配置了位机的人机界面、速度曲线信息、各种报表、报警控制等模块，实现了真牵引变电所 TA21 系列的六种类型的控制特性。上述系统在增加模拟效益的情况下降低了生产成本。各种传感器和执行器、报警回路全部为实物，能为检修人员提供实习训练，也大大提高了设备的使用率。在符合教学要求的情况下，降低培训成本是该技术应用的优势，便于模拟技术在铁路基层供电段和相关培训院校的普及。

七、基于 PLC 的系统模拟平台的使用

模拟软件标准是指利用各种网络设备和网络线路实现网络应用的标准。现阶段，全世界制造业建设都在向着高速大型化和自动化的趋势发展，由于大型制造装置的大量应用，生产成本不断上升，制造业对相关人员的素质需求也在不断增加。模拟控制系统能够近乎真实地还原现场实际，节约了较大的运行空间，从而快速提升了运行质量，减少了大量被用于运行系统建设的开支。

（一）模拟软件的功能

1. 控制程序运行

在 PLC 设计中，模拟软件能够模拟其整个过程映像的输入/输出状态，在模拟窗口修改已执行程序中的输入/输出变量的 ON/OFF 状况执行控制系统，察看输入/输出的变化状况是否符合要求、程序运行结果是否满足正常运算的目标，从而具有了监控程序运行结果的功能。

2. 防止程序出错

在程序运行过程中，模拟程序可以根据对程序的测试结果调整定时器、计数器等，也可使用程序的手动操作或自动恢复定时器来调整。这样的检查不但可以发现软件中的问题与不足，而且还能够使 PLC 设计进一步的完善，同时还能够让学生在 PLC 运行的过程中利用软件来改善它的控制流程。

3. 拥有储存记忆功能

模拟软件模拟的主要是软元器件、缓冲存储器，以及外部设备进/出的读写情况。它的这种功能主要为能够保存 PLC 中的软部件、寄存器中的缓冲存储器的信息，并且还能够把这些信息应用于后期的测试项目中。当使用者需要获取一些网络设备上的特殊代码时，其也可利用层次上的编程来获取自身感兴趣的网络编程。但在网络信息较为繁杂的情况下，用户的编程往往需要经过实际调试，而这个过程也常常会发生某些偏差，当使用者直接把编程方法运用在现实控制系统上进行控制调试时，这也有可能会对系统产生相应的未知影响。

4. 更好地验证程序是否正确

模拟软件还能实现与外部计算机的通信串行高度相似的模拟通信。这种功能也可以作为与外部计算机的串行通信的职能，从而实现可编程控制器与外部计算机的串行通信功能之间的传输，以及保证通信协议的传输资源能够正常运行。在一台电脑上，模拟软件就能够实现对程序运行状态的检测，并且完成对工厂制造系统的程序绘制以及监控组态界面的设置，同时，还能对系统所采集的现场实际运行信息做出全面的动

态显示。有部分 PLC 生产厂家已经开发出了能够模拟系统实际运行的模拟软件系统，这些软件系统也能够对 PLC 实现离线模拟与检测。

（二）模拟软件在网络中的应用探索

PLC 具有体积较小、安装维修简单、安全性较高、抗干扰能力强、编程简便等优势，这都使其成了未来中国现代工业生产装置的三大支柱之一。模拟软件能够有效模拟网络流量的变化常数，并能获取所需要的试验数据结果。模拟软件在计算机网络中的使用主要有如下几个原因：①更逼真的建模使其具备即使在高度密集资源的计算机网络环境条件下也能够获得真正的试验数据信息和结论；②模拟器软件系统在计算机网络中的测试功用是其他软件根本无法做到的，对系统程序的执行顺畅与否起到了很大的影响；③由于模拟软件系统的方便和易于应用等优势，它的应用范围十分广泛而且适用于大多数计算机网络工作环境条件；④造价成本低，只要构建了完整的网络基础设施，其才能被长期持续使用。

（三）模拟软件在 PLC 应用中的重要应用方法

1. 明确系统控制要求

工程设计中四台电机应依次按顺序被控制，在开启时限内应按相同的次序开启。时限间隔依次为 2 s、4 s、6 s，按由后至先的方式依次停止，停机时时间间隔为 6 s、4 s、2 s。如果在开启时限内就出现了某台电机故障，其要立即停止运行，因为这台电机立即停止，其他电机就会按预先设定的反次序停机，这样才能减少时间损失。因此，对于刚设计完成的 PLC 系统，如果将其直接在实际中开机应用的话会有较大的危险性。对控制程序来讲，运用模拟软件也是一种很好的完善措施。在 PLC 设计过程中，控制器是要实现输入/输出控制功能的，是要靠输入/输出继电器开关 Y 和数据传输模块驱动来进行的。但是，外部的控制信息和反馈信号也会使用继电器开关 X 流入 PLC 里面。在模拟软件还在工作状态时，PLC 数据传输模块是与外部断开的，所输出的信息也就只能用通信线和数据库中的数据进行交流。

2. 编制梯形图

编制梯形图是指按照工程设计要求绘出的步进流程图。首先设定了 I/O 分配方式和编程单元的编码，接着开始编程调试软件并按命令完成 PLC 梯形图编程。由于不能够直接被该软件所运行，于是梯形图就要先被编译为运行语句。而 PLC 程序设计模拟执行是这样一种 PLC 语言的编译流程，有编译和解析两个方式。现在所使用的解析方式一般是逐字逐句解析和执行，也就是说在系统的解释运行完成后，同样相当于一次扫描周期的完成，如此才能判断程序是不是满足了我们所要求的设计条件，并且在这一流程中不要求使用 PLC 硬件。若在测试过程中发生错误或不适合重复设计时，也可让在离线时对程序加以调整，然后再执行下传程序、再次执行程序、检验执行结果并监视具体程序的执行状况等。这就能够保证系统在出现问题后在短时间内可以完全恢复工作，从而实现了消除硬件与软件之间的单点故障的目的。

3. 进行模拟调试分析

进入模拟页面后，用户可根据组态王软件系统中的子图、窗口链接或利用图像处理的方法制作合适的操作样式，根据操作系统的需要在应用软件的基础上实现二次开发操作系统，并采用动画、音频链接方法使产品设计的人机界面产生良好的用户界面。首先，要在编程应用软件时启动梯状图逻辑检测，建立 PLC 和模拟 CPU 的链接，转换自动实现程序，从而使调测的程序设计和操作参数得以被载入程序中。其次，在继电器内存监视中允许软元件贮存器监控画面的软元件进行软元器件检测时，可采用双击要检测的器件的方法来改变其开关的状态，检查程序的变化是否合理。再次，要启用时序图函数来观察软元件在输入/输出状态时的时序图以及在菜单中根据采样周期确定的模拟数据采集时间。最后，在软件中选定模拟状态并且终止，进而完成模拟组态画面，并完成模拟调试。同时，经过上述步骤，还应检查程序是否满足了模拟软件在 PLC 系统设计中的使用需求，如果无法顺利进行的话，就要再次对程序设计进行调整，使之更为完备。

综上所述，笔者全面阐述了模拟软件在计算机网络与 PLC 系统中的运用问题，它的模拟环境能够在高度复杂的计算机网络条件下获得高准确度的数据。同时，这样的模拟软件系统在人类的日常生活中应用范围广泛，不但能够被应用于计算机网络的系统优化，也能够被应用于系统的设计，尤其适合对大规模网络进行设计与优化。其中，最关键的是能够在开发阶段就找到设计中的瑕疵和问题，继而不断地对这些程序加以调整与补充，直至达到设计所要实现的目标。

八、基于 WinCC 的 PLC 教学模拟平台的开发

随着现代科技的蓬勃发展，PLC 已顺利替代原有的继电器监控，与集散控制系统（DCS）、现场总线控制器（FCS）并称为现代制造业中智能化生产的三个主要支撑。利用组态软件 WinCC 对 PLC 控制器进行模拟，只需要一部 PC 机和一部 PLC，就可以用动态画面直观表现程序执行流程。由于具有直观、生动、成本低等优势，所以其使用需求十分旺盛。

（一）基于 WinCC 的 PLC 教学模拟平台的开发现状

电气自动化专业所采用的实验实训装置都是各大专业设备制造商所购入的现成实验实训设备，基本都是模块式的。这些装置基本是由几个简易的控制电路或模拟装置等组成，包括 PLC 方面的功能也只有几个简易功能，因而对学生起不到太好的训练效果。

（二）基于 WinCC 的 PLC 教学模拟平台的开发分析

在授课过程中，利用 WinCC 组态软件模拟可编程控制器的控制对象，学生可以

把电脑上的模拟程序看成是实际受控对象，然后利用上位机组态软件对 PLC 进行即时监控。同样，控制结果也能够在计算机屏幕上以模拟动画形态直接明了地表现出来，因而能大大提高学生的学习兴趣，并加深学生对该控制流程的认识。

（三）设计 PLC 模拟教学系统

该部分采用了工业控制用的组态软件，并开发研制出了一种适合学生使用的 PLC 模拟教学系统。该系统针对学生的技能特点和能力特征开展实训项目的设置，逐步发展出各个难度等级的多种实训活动项目，并把各种实训活动内容融合在一套组态系统工程中，这使其操作简易、使用简单。

教师利用 WinCC 的组态软件能够开展许多教学实践项目，笔者下面将以运料小车为例，讲述 PLC 模拟的教学系统。

1. 模拟系统组成

模拟系统控制器可选用西门子 S7-200 系列 PLC。由于 S7-200 本身具备能力高、价格低廉、安全性好、使用方便的优点，目前仍被应用于小型企业自动化管理和培训活动中。

2. 运料小车模拟系统控制要求

实现小车的手动运料方法为单动运料方法，而手动运料过程即是单动工艺的连续循环。另外，还要设置两个按键——停车按钮和复位按钮，停车按钮主要被用于限制车辆的单动和在自动卸料状态中的停车；而复位按钮则被用于对车辆加以恢复，即使是在车辆已返回初始状态的情况下。

3. 组态模拟画面的设计

监控界面显示的图像大小为 800 mm×600 mm。

4. 设计步骤

（1）新增一项单用户服务项目。

（2）新建一个过程图像，过程画面尺寸为 800 mm×600 mm，在过程图像上可以加载新元件，并记录过程图像。

（3）注意内部变量以及内部变量类型。

（4）过程画面中四个按钮的 C 动作程序代码如下。

自动：SetTagDWord（"flagl", 1）;

单动：SetTagDWord（"flag2", 1）;

停止：SetTagDWord（"flagl", 0）; SetTagDWord（"flagl", 0）;

复位：SetTagDWord（"flagl", 0）; SetTagDWord（"flagl", 0）; SetTagDWord（"xiaochex", 0）。

（5）启动全域脚本的 C 编写器，在脚本编辑器中新增两个全域操作，各自名称为 dandong. pas 和 auto. pas，并依次对其增加触发器 dwl 和 ff。

（6）更改参数的用户周期，点击"确认"按键退出。

（7）使用设置的功能配置执行系统，加载全局脚本执行系统和图形执行系统，点击确定退出。

（8）启动过程画面，启动运行过程的检查。

（9）察看运行结果。

九、基于 MCGS 的 PLC 模拟实验教学系统的开发

在 PLC 实际教学过程中，教师为提高教学实践环节的质量，往往要耗费大量的教学时间来配置实训的仪器设备，而现在其使用的 PLC 模拟实践教育管理系统，就是利用了微机软件系统的建模模拟功能替代了具体实训仪器设备，这也就在改善了实践性教学条件的同时，极大地减少了教育经费的投入。

（一）PLC 模拟实践教学系统的结构设计

PLC 模拟应用教学系统，是遵循从基础命令到高阶指令、从基本语句到更复杂语言的结构设计程序，采用项目型模块化的设计方法，在 MCGS 模式下建立起来的。

该系统的总体架构包括认识 PLC、PLC 指令进阶综合实训项目和综合实训项目三个模块。其中，模块一认识 PLC 涵盖了认识 PLC 和了解编程软件两个综合实训项目；模块二 PLC 指令进阶综合实训项目涵盖了三相异步电动机点动运行控制系统、照明设备的远程管理监控、汽车顺序启动控制系统、自动门编程控制系统、电机星角减压法启动控制程序、交通红绿灯监控系统、电子密码锁监控流程、彩灯控制系统、多台电机起车控制系统、手动往返运料车辆控制系统、车辆手动寻址控制系统以及抢答器控制系统十二个综合实训项目；模块三综合实训项目包括了大小球分拣管理、步进电机的正反转调速管理、自动贩售机械的电气控制管理和万能镗削机械的电动改造管理四个综合实训活动项目。上述的三个模块共涵盖了 18 个实训课程项目，而每个实训课程项目又会分别从背景认识、任务分析、项目执行、模拟测试和课程拓展等五大方面来实现课程的教育目标，这样的设置遵循了从基础到实践的教育法则，经过这样的课程设置，学生能在获得扎实的基础知识的同时，还能够借助模拟测试过程来培养自己进行项目操作的能力。

（二）PLC 模拟实践教学系统方案的实现

PLC 模拟实践教学系统主要分为一个主场景和若干用户场景，每种场景都是根据相应的组态化实现程序来实现的。其具体组态的过程有以下几个方面。

（1）根据需要建立一个或多个用户窗口。

（2）在每个应用窗口中，利用软件中提供的所有绘图对象、符号和图元等构件，设计出画面。

（3）在实时系统中，按需求设置变量，它可能有开关型、数字型等各种类型。

（4）将所有变量和屏幕上的所有元素顺序对应起来，再按照要求完成相关的动画功能设定。

（5）根据动画要求，可以实现脚本程序的编制，这样，图片上的元件就能够根据软件的要求实现动态显示。

（6）建立多个画面之间的动画连接。

（7）进行运行调试。

（三）自动门控制系统的设计实例

1. 构建界面

在用户窗口中新建一个窗口，将其命名为"自动门控制系统"，并在窗口属性中设定窗口名字和窗口标题等内容。

双击进入"自动门控制系统"窗口，使用工具箱中的各项工具依次画出路面、车库、待入库车辆，同时在车库的大门部位画出升降闸门（可用矩形代替）。在车库左右画出超声感应器，并用它来检查是否为待入库车辆，在卷帘门左右两端画出上下限位开关，并用它来检查卷帘门转动的极限情况，在车库合适部位画出光电开关，并用它来检查车辆是否完全进入车库。

在实时的数据库窗口，应单击"对象"新建属性，并在"对象属性"中选择对象名、初始值、对象类别等属性，依次对每个变量进行加载。

返回"自动门控制系统"窗口时，应将其中要动态显示的部件，如待入库车辆、各个传感器、卷帘门等，依次与实时数据库中的新建变量进行对应。

按照相关规定，待进场车辆的卷帘门必须活动起来，其他一些传感器也必须随着检查位置的不同而有所改变，因此，为完成此任务，必须完成脚本程序的编制。在"执行方法"窗口，先加入一"循环方法"，并将其命名为"车辆入库"，用以进行车辆转移，在单击该新建方法后，再进入"脚本程序"选项并单击加入，完成以下过程：

小车入库数值＝小车入库数值＋1IF 小车入库数值＞＝200THEN

小车入库数值＝200

ENDIF

要完成卷帘门的活动，也可以采用类似方式，先进入"卷帘门"循环策略中的脚本程序，并写入以下程序：

IF 小车入库数值>60AND 小车入库数值<190THEN

卷帘门数值＝卷帘门数值＋1ENDIF

IF 小车入库数值>190THEN 卷帘门数值＝卷帘门数值－1ENDIF

IF 停止＝1THEN 卷帘门数值＝0

小车入库数值＝0

ENDIF

脚本编程完毕后,要再进入"自动门控制系统"窗口,单击"待入库车辆",做好动画接口的设定后,还要在属性设定选项卡中选取"水平移动位置",进入后在表达式内再选取"车辆入库数据"变量,在水平移动位置连接中,最小水平移动偏离量选取 0,对应表示的值是 0,最大水平移动偏离量选取 600,对应表示的值是 200,数据可按照画面情况加以调节,这样,车辆的水平移动位置功能即设定完毕;类似的办法也可以用在卷帘门的属性设定选项卡中,选定"大变化",然后在表达式内选定"卷帘门数字"变量,在大变化连接中,最小改变比例选取 100,相应表示的值是 0,最大改变比例选取 20,相应表示的值是 100,最大改变方向选取垂直方向,最大改变方式选取缩放,卷帘门的移动功能也就设定完毕。另外,传感器还可选择颜色变换的动画方式,具体方法可单击传感器,在属性设定中选取"填充色彩",然后按对应的变量选取颜色。

2. 模拟实现

所谓模拟是把现场控制的信息内容通过视频上的动画真实地反映出来。要完成此工作,就需要将组态画面和 PLC 进行联机。进入工作台页面,先单击进入"外设窗口",因为在 MCGS 中 PLC 是可以当作子装置展开操作的,所以需要先加入"串口父设备"后才能设定 PLC 类型。在加载完毕之后,先单击进入"串口父设定"设定基本功能,设置信息包含了通信接口、通信波特率、数据位数、奇偶校验方式和停止位数等,而上述相关信息的设定也务必要与 PLC 设定的通信控制参数一致,不然就不能正常通信。

实现了 PLC 与 MCGS 之间的直接连通后,只需要再对新插入的 PLC 装置中的通道属性加以设定,并使之与 MCGS 中的实时数据库的变量一一对接上,就可实现各种数据信息的即时通信。方法如上,把 PLC 装置加载到"串口父设备"下,使前者成为后者的子装置,然后单击开始进行基本属性设定,在"基础属性"的选择卡中,单击"内部基本属性"最右方的按键,从而实现信道的增减设定;然后直接进入"通道连接"选择卡,将信道和实时数据库中的数据信息变量一一连通。

当 PLC 与 MCGS 实现联机,而且和变量对应地实现关联后,PLC 实时监控的信息就能通过 MCGS 的视频展示形式被真实地展现在人们面前,进而保证了模拟测试的效果。

基于 MCGS 的 PLC 模拟实践课程体系,是一种融理论教学与实践教学活动于一体的教学系统,它充分运用了现代数字化的手段,实现了电脑模拟仿真实际的被控物体。硬件被软件所取代会大大减少教育投入,而且也能够使理论课程达到与实践课堂相同的效果,这正是该系列的教学价值所在。

第三章　PLC创新技能训练

第一节　利用新技术实现抗干扰

一、中断或减少干扰耦合的措施

中断或减少干扰耦合是对 PLC 控制器十分关键的抗干扰手段，大致有如下四种方法。

（一）抑制公共阻抗耦合干扰的措施

电线的阻抗一般为耦合阻抗，其高低与电线的敷设有重要联系，线路在整体设置前应该首先考虑抗干扰方案。

（1）应尽可能减少公共电阻局部的引线直径，减少来回引线之间的距离，采取垂直布线方法，以降低引线的电感。

（2）增加引线直径，采取降低接触阻力的方法来降低引线的阻力。

（3）机柜连接和控制系统连接要分别设置。

（4）利用变压器系统、光电耦合器、变压器等电分离装置进行电位隔离。

（二）抑制电容性耦合的措施

为控制电流和防止电容性扰动，在设计 PLC 控制器时，干扰源的电气参数应使电压变动幅度和电流改变速度尽量减小；干扰系统也应该尽量设计成低电阻和高峰值信噪比的控制系统，其内部结构应尽量紧凑，但彼此在空间上应互相隔绝。

（1）为了减少相互耦合的时间，设计配电网时，宜将线路尽可能缩短一些，尽量水平选择线路；信号线应当与电源线分别敷设；将软电缆和强电线分别安装于不同的槽中等。

（2）利用电力屏蔽阻止扰动源的扰动或电场的影响。

（3）使耦合电容器电路彼此相对均匀地接地，以扫除耦合电路的阻碍。

（三）抑制电感性干扰的措施

（1）减小系统中各组成部分间的互感。其方法包括缩短系统中各单元耦合部分（主要是电线电缆）的长度、将电线尽可能缩短、避免平行选择导线、使用双绞线来减少电流回路所围成的体积等。

（2）在扰动环境以及干扰源周围设计电磁屏障，以控制扰动电场，一般有静态磁屏障和涡流屏障等方法。静态磁屏障一般可被用在低频段，屏蔽对象能被一种尽量密闭的铁磁性壳体所罩起；而涡流屏障一般用在较高频段，主要能通过非磁性或弱磁力材料所产生的涡流作用对交变磁场加以遮蔽。

（3）采取系统屏蔽方案：例如，使用电缆垂直交错铺设或使用双绞线系统等，使耦合的干扰信号最小化，甚至相互抵消。

（四）抑制波阻抗耦合干扰的措施

波阻抗耦合主要包括传导波耦合和辐射波耦合两个类型。对于传导波耦合，一般使用双绞线或同轴电缆的方法对其进行控制；而对于辐射波干扰，则一般采取在干扰源与影响目标之间置入金属遮挡物的方法对其进行控制。

二、软件抗干扰措施

软件抗干扰表现为指利用程序设计方法来消除由于电磁干扰而可能出现的 PLC 错动作。这里举一些简短的事例进行阐述。

（一）触点抖动的消除

针对外部输入/输出装置可能产生的触点抖动，如指示灯、电源、感应器等的输入噪声，可以利用延时进行抑制；对于某些能维持特定时间的脉冲干扰问题，也可以通过这些方法解决。当选择时间为设定值时，所设定的时间应等于触点抖动的间隔时间或干扰脉冲时间。

（二）可测干扰信号的抑制

对可采用特定方式测量的短时干涉信息，如大电感负载断开时发生的干扰信息，可采用测量装置把干扰信息发生的时间以接点的方式通知 PLC，而后再由 PLC 的 JMP/JME 命令屏蔽输入信息，即在有干扰信息作用时，不采集输入信息。

（三）漏扫描检测

在编写应用程序的过程中，可以把整个程序分为若干段，并在每段程序的尾端增加一组检测节点。在一次数字化扫描过后，如果各个阶段程序都已完成，则给予一段正确信息，继续执行进度指令；若出现某段漏扫描的情况，则发送警告信息，并做出预先确定的处理。

（四）互锁诊断

变压器、交流器等的动合、断开或接点，无论其活动与否，始终呈互锁状态，即一对合拢，一对断开。如果门一起紧闭或断开则是故障状态，需要对其予以妥善处理。

当经过了故障诊断后，所有能够预见的干扰信号问题都能够被迅速找出处理方法。而对于有些干扰信号所引起的问题却很难事先预见，这就需要人们在软、硬件工程中，充分考虑对软件系统的抗干扰措施。但必须注意，在软件控制系统的 PLC 系统中，因为软件和硬件的相互作用，很难判别出一些问题究竟是由硬件造成的还是由软件造成的，也就是说，当利用软件容错和冗余技术实现抗干扰时，软件与硬件的问题应该被结合在一起思考。而一些硬件问题能够从系统软件中找到，人们可据此采取修正和补救措施。因此，有时也可用硬件工程来监视软件操作的正确性。将 PLC 的软件、硬件组合在一起解决电磁干扰问题，是现代 PLC 技术发展的优势所在。

三、提高抗干扰能力

自动化系统中所使用的 PLC，在产品设计和生产过程中采取了多级的抗扰动和精选部件等保护措施，使整套控制系统能够在严格的工业生产环境条件下和强电设备同时工作，使用的安全性和可信度都非常高。随着现代计算机技术的发展，PLC 的功能也愈来愈强大，它在现代工业生产控制系统中的应用也越来越普遍。不过，因为它直接与工作现场的 I/O 装置连接，所以外界干扰很容易通过供电线或 I/O 输出线入侵，使控制系统产生误动作，所以提高其使用环境保护的安全系数就变得尤为重要。因此，为了进一步提高 PLC 控制器工作的安全性，多方位增强系统的抗干扰能力十分有必要。

（一）PLC 所受干扰的分类

PLC 所受到的干扰可以分成外部干扰和自我干扰。在实际工作情况下，外界干扰一般是随机发生的，与系统的结构没关系，干扰源一般是不可控制的，但也可以根据情况对其进行适当控制；而内部扰乱则与系统的结构相关，一般由系统的交流主路以及模拟量输入/输出电路等产生，通过合理选择的工作线路可以减少和控制内部扰乱，从而避免外界干扰情况出现。

1. 电源的影响

PLC 管理系统管理的所有常规供电电源均为局域网提供。但因为供电系统范围很广，同时也会受到各种电磁的辐射，其空间的放射电磁场（EMI）一般是由供电线路、设备中的瞬态工作过程、雷电、无线电广播、视频、雷达等引起的，一般被称为辐射影响。当 PLC 控制系统在所射频场内工作时，也会受到辐射影响，并在线路上感应阻抗。尤其是由于国家电网系统内部结构的环境变化，如刀开关作业浪涌、大输出功率的电器起停式、交直流传动装置所形成的谐波传动、国家电网系统内部结构短路暂态冲击等，可能造成编程出错或算法有误，由此形成错误输入或错误输出，引起机械设备的失控和误动作，无法保障 PLC 的正常工作。

对电源扰动的控制通常采用有屏蔽电缆的 PLC 内部屏障或高压电流泄放器件加以防护。采用遮蔽性较好的器件，选择好的开关电源，合理设计驱动线和信号线等，对电源变压器、中央处理器、程序设计设备等关键元器件，选择导电、导磁好的材料加以遮蔽处理，能使 PLC 免受外来干扰信号的冲击。

同时，进行开关电源调节及维护。电源变化而引起的电流畸变或校正的凹凸点，将对 PLC 和 I/O 系统产生恶劣的负面影响。对微处理器核心部件所要求的+5V 开关电源，通过多级滤波处理，再通过综合的电压调整器加以调节，可以应对交流电网的变化以及过电压、欠电流等的干扰。同时，开关应尽量与电源线成平行走线，与电源线相对能减小电阻，减低开关电源噪声效应。因屏蔽层连接方法的不同，对噪声干扰抑制效应也不相同，一般次级线圈并不接地。输入/输出线路应用双绞线并且屏蔽层应安全接地，以有效抑制共模干涉。另外，还可设置一个带屏蔽层的变比为 1：1 的隔离变压器装置，以减少装置与地间的干涉，同时还可在供电或输入端口串接 LC 滤波电路等。

2. 信息接收器进入的影响

与 PLC 控制器相连的各种信息传输线，除传送正确的各种信息以外，也总有外来干扰信号对其产生影响。这种影响大致有两种：一是由变送器以及共用频率表的供电电源所串入的电网影响；二是由信号接收器的空间电磁辐射感应的影响，由此引起系统故障的情况也很多。动力线路、控制线、PLC 的电源线和 I/O 电路中间应该分离配电网，而隔离变压器与 PLC 和 I/O 中间应该通过双绞线相连。要让 PLC 的 I/O 电路与大电源电路分离走线，可以分别绑扎交流线路、直流线；如条件许可，分槽走线效果最好，这样不仅可使其有尽量大的空间距离，而且也可缩小其影响范围。另外，使用信息隔离开关处理抗干扰问题也是很理想的方法，其基本原理是先把 PLC 接收的信息通过半导体元件调制转换，接着再利用光感或磁感元件完成分离转换，然后再通过解调器转换回到分离前的原信息或不同信息，同时再对分离后信息的供电电源加以隔离管理，这样就确保了转换后的信息、电、地之间的绝对独立。因此，只要在有影响的区域，输入端与输出端口中间加上这种隔离器，就能够有效克服干扰的问题。

3. 接地系统的影响

接地是改善计算机电磁兼容性能（EMC）的有效方法之一。合理的接地设计，既可控制电磁干扰的影响，也可控制设备向外界产生的影响。但是，不当的连接，反而会引起很大的干扰信号，使 PLC 管理系统无法工作。因此，良好的接地设计是确保 PLC 系统安全工作的关键条件，也能够规避偶尔出现的大电流冲击影响。接地的目的一般有两种，一是保障安全，二是抗干扰。完整的接地控制系统也是 PLC 系统防电磁辐射的重要手段之一。PLC 控制器存在多种类型的接地：①信息地——输入端信息器件的接地；②交换地——交换供电电源的 N 线；③屏蔽地——为避免静电与磁性反应而设计的机壳或金属丝网，采用专用的铜电线将其接到地底；④保护地——使机器设备的外部及装置内独立元件的外部接地，以保障人身安全并避免装置漏电。为了抑制附加因素在供电系统及输入/输出端的干扰，应对 PLC 系统开展良好的接地工作。通常情形下，网络连接方式与通信频段相关，当频段小于 1 MHz 时，使用一点网络连接；超过 10 MHz 时，系统采取一个点接触；在 1~10 MHz 范围内时，在通常状况下，PLC 系统会采取一个点接触，即每个地线端子都与最近接地线相连接，以获得较强的抗干扰能力。接地导线横截面不得少于 2 mm，接地电阻不得超过 1 000 Ω，接地线应使用专用的导线。

4. 变频器噪声干扰原因

一是变频器启动时和工作过程中的谐波传动会对供电的传输产生负面影响，从而造成的高电压失真会扰乱国家电网的正常供电效率；二是变频器的高输出功率将形成较强的电磁辐射扰乱，严重影响其他电气设备的正常运行。解决方法：①加隔离变压器，一般面对来自供电的传输扰动时，能够将绝大部分的传输扰动阻隔在隔离变压器之前；②采用过滤器，过滤器具有较强的抗干扰能力，能发挥避免将电气设备自身的扰动传递给供电线路的功能，一些过滤器还兼有尖峰电流吸引功用；③利用输出端子箱——在变频器和发电机中间加装的电抗器。

5. 射线干涉

能形成空间辐射电磁场的装置均会影响 PLC 的正常工作。例如，大的电气网络、用电装置的暂态程序、运行中的高频感应加热装置和雷电等。如果此时将 PLC 装置放在其照射现场，其信息、数据线和供电线都可以代替天线进行辐照干涉。这些影响因素与现场设备的选择和设备中所发生的电磁干扰的规模、次数等密切相关。在选用产品时，首先，应选用具有较好抗干扰能力的系统；其次，要考虑电磁兼容性能，特别是抵抗外来干扰的能力，如使用浮地技术、屏蔽特性较好的 PLC 技术；再次，还需要掌握产品生产厂家所提供的抗干扰技术指标，如共模抑制比、差模抑制比、最大耐压范围，要以及可使产品在多大电荷能力和多高频段的电磁能力环境中工作等；最后，还要考察产品在相关项目上的实际使用经验。在选用进口产品时要注意，中国使用 220 V 的内部阻抗供电制式，而欧美国家和地区使用 110 V 低内阻抗供电系统。中国的内阻抗供电系统内阻较高、零点电位的偏移较大、地电势波动大，所以工业生产中实际的接地装置数量要比欧美国家和地区多四倍以上，对系统抗干扰性能的要求也更高。在国外可以工作的 PLC 产品在国内工业生产中不一定能安全可靠的工作。PLC 控制器的用电必须和整体用电系统内部的动力电源设备完全分开，因此通常在加入 PLC

控制器前加隔离变压器，并合理布设电源线，严格分开强电和弱电电缆。电网干扰串入 PLC 管理系统，是经过与 PLC 管理系统的供电电源（如 CPU 开关电源、I/O 开关电源等）、变送器供电开关电源或者与 PLC 管理系统产生直接电力联系的仪器供电开关电源等相互耦合形成的。给 PLC 控制器提供电力，通常都会选择电流隔离能力较强的设备供电系统，但在对变送器的开关电源或者与 PLC 控制器有直接电力联系的设备供电电源方面，却并没有引起相关人员的充分注意。尽管采取了相应的屏蔽方法，但效果普遍不佳，原因是所使用的隔离电力变压器布置参数多，控制干涉的能力较弱，容易与开关电源相互作用而串入共模干涉、差模干涉。因此，对变送器和共用的设备系统应选择布置容量较小、控制带大（如使用多重分离和遮蔽及漏感方法）的配电器，以减少对 PLC 控制系统的影响。

6. 传导影响

传导影响主要来自电源设备。在工业生产场景中，交直流传动装置所产生的谐波传动、电力短路暂态冲击等都能在供电网络中产生脉冲影响。PLC 的常规供电电源为电网供电，因此，它会受之影响。因为电网覆盖面广，空间的电磁辐射会形成连续的高频谐波影响。尤其是切断了电网上的感性负载后，瞬时电流峰值往往会是原来额定值的几十倍以上，其脉冲功率甚至能够破坏 PLC 的半导体器件，它包含的大量的谐波传动电流能够利用半导体集成电路中的分布电容、绝缘电阻等进入逻辑电路，从而产生延时工作。PLC 控制器集成电路一般包括开关电源线、进口/出口线、控制线以及连接线，如果布线方式不正确就很容易产生电磁感应和静电感应，所以也应该根据特定条件布线。各种形式的信息可分别通过各种线缆传送，信号电缆要根据传送信息类型分别敷设，不得采用同种电缆的各种线路同时传输动力供电的信息，通信接收器和动力线路不能平行敷设，以减少电磁干扰。

7. 来自信号输电线路的侵扰

除传递有效的信号外，PLC 控制系统所连接的各种信号输电线路也会有外来干扰性信号的侵袭。其影响大致有两个渠道：①经过变送器供电电源以及由共用通信仪表上的供电电源所串入的内部电网扰动；②信号接收器上的外界电感扰动，其中，静电放电、脉冲电场和切换电流都是其主要影响来源。信号线产生的影响将使 I/O 的功能变异和计算准确度下降，严重的会引起元器件烧毁。如果系统隔离特性不良，则会引起电路的相互影响，进而引起离地系统总路回流，引起逻辑参数改变、误动作，甚至死机。信号在连接计算机时，会在数据接收器和地间并接地电容，这可减少共模干扰；在信号二极格局之间，安装滤光器可减少差模干扰。硬件抗干扰措施的主要目的是尽量断开受影响中的系统，但是由于影响所产生的随意性，特别是在工业生产条件下，硬件的抗干扰设施还没有把所有影响完全拒之门外，这时就要通过充分发挥软件系统的灵活性和硬件设施的有机组合来增强控制系统的抗干扰能力。例如，可以通过"看门狗"算法对系统的运行情况实时监测；通过数字滤波和工频整形取样减少时间性影响；定期修正参考点电位或选择动态零点，可避免电势偏移情况出现；利用信息冗余功能，可以选择正确的软件标志位置；通过间接跳转，可以设置软件保护。

8. 地电位的分布影响

PLC 控制器的连接线分为系统地、屏蔽地、交换地和防护地等。对地电势的分配影响表现为由于各种接地点的电势分配不均，所有接地点之间会形成电位差，并由此形成环路电压差，该电压可以在位置线上形成不等电位分布，进而影响 PLC 内逻辑集成电路和模拟集成电路的工作。因为 PLC 中的逻辑电流干扰容限很低，而逻辑地电势的分布干扰容易冲击 PLC 的逻辑运算和数字存贮，因而这会导致数字错乱、程序跑飞，甚至死机。模拟地电位的分布会造成计算准确性降低，从而造成数据测控的严重丢失和误动作。接地的目的一般有两种：一是保障安全，二是控制扰动。良好的接地系统是 PLC 控制系统抗干扰能力的主要手段之一。接地在减少抗干扰中具有重要的意义。控制系统接地形式通常有浮地形态、直通接地形式和电熔连接三类形态。PLC 控制器属于高低负载的设备，通常选择直通接地形式。受到信号电缆分布电容大小以及对输入/输出装置信号滤波能力等影响，设备间的信号交换频率通常都小于 1 MHz，所以 PLC 系统接地线一般采取点连接方式或者串联点连接的方法。集中布线的 PLC 系统设计最适于并联一点连接方式，各设备的柜体中央连接会将独立的电源线引向接地极。若设备长度很大，可选择串联的连接方法。用一条大断面铜母线（或绝缘电缆）先接通各设备柜体中间的连接点，然后再用接地母线垂直连接接地极。接地线路一般使用直径为 20 mm 的铜电缆，总母线一般使用直径为 60 mm 的黄铜排。接地极应尽量埋于离建筑物 10~15 m 处，且 PLC 设备的连接线应与强电设备连接，间隔 10 m 或以上。与信号源相连后，屏蔽层也应在信号源一侧相连；不连接信号源的，可直接从 PLC 上连接；当信号线之间有连接时，遮蔽层要紧密相连并做好绝缘隔离管理，但必须防止多点连接；多台测点信息数据的屏蔽双绞线和多芯对绞总屏线相连时，其遮蔽层也要相互连接好，并经绝缘隔离管理。另外，应选用合适的接地处单点接线，如 PLC 供电线、I/O 供电线、输入/输出信号线、交换线、直流线路等要尽可能地分别接线。开关量的接收器和模拟量信号线都要分别布线，同时应选用屏蔽电缆，并同时将屏蔽层接地。所有数字输电线都应选用屏蔽电缆，同时也应将屏蔽层接地。PLC 控制系统最好独立连接，也可与其他设备共同连接，但不得与其他设备并联连接。连接电源线时，应该注意以下几点：①PLC 控制系统单独接线；②PLC 控制系统连接端子必须为抗干扰的中性端子，并与接地端子相连，其必须合理连接才能有效减少与电源系统的共模干扰；③PLC 装置的接地电阻必须低于 1000 Ω，而连接线也必须采用 20 mm 的特制连接导线，以避免感应电的发生；④输入/输出信号电缆的屏蔽线，必须与接电坐标及控制端子相连，并连接良好。

9. PLC 控制系统本身的影响

造成这些影响的主要因素是控制系统的元器件与集成电路之间的交叉电气辐射影响。例如，逻辑集成电路的辐射影响及其对模拟集成电路的影响；模拟地和逻辑地的相互作用及元器件之间的交叉或配合作用等。①PLC 直流接触器要尽量避开高压柜、大电机等高频器件；②PLC 直流接触器也应避开电源、接触器之类的电气导线等易与拱圈接触的部位；③整台 PLC 单位主体在避开过热的电气系统及其他供电设备时，应具备良好的通风条件和适当的散热装置；④PLC 程序控制器的外围要有良好的防水工程设计，以防止发生机械损伤的情况。

PLC 系统中的干扰问题是一种十分复杂的现象，所以在抗干扰工程设计时要综合考虑各方面的影响，正确有效地控制干扰，以保证 PLC 系统顺利运行。随着 PLC 应用范围的日益扩大，怎样更有效、安全的应用 PLC 已成为影响其产品开发的关键因素。相信在不久的将来，PLC 会有更大的发展前景，产品的类型将更多、型号也更加完善，其良好的人机界面、完善的数据传输功能，将能更有效地满足不同工业自动化场所的需要。PLC 将成为工业自动化测控系统与其他工业通用系统之间的关键部分，在工业生产自动化方面能产生愈来愈大的影响。

（二）信号线引入的抗干扰措施

功率线、控制线和 PLC 的电源线、I/O 线路都必须分开配电网，而变压器的 PLC 和 I/O 的中间则要通过双绞线相连。将 PLC 的 I/O 线路与大功率线分离时，若二者必须在同一个沉降缝中，则其要分别绑扎交流线、直流线，若情况许可，则分槽走线效果最好，这样不仅可使设备相互之间保持尽可能多的空间距离，也可使影响范围减至最小。另外，利用频率隔离器处理抗干扰问题也是一种理想的方法，其基本原理是把 PLC 所接受的原信息，先经过半导体电子器件调节变化，然后再利用光感或磁感元器件实现分离交换，接着再利用解调器切换回分离前原信息的不同位置，并对分离后信息的供入口电源实行分离管理。对有干涉的区域，输入端与输出端中间再加入这个隔离器，则更能有效克服干涉困难。

（三）强烈干扰环境下的隔离措施

空气中极强的电磁场干扰以及大电流、高压力下的开关通断都会对 PLC 系统形成巨大的影响。这种影响在 PLC 控制输入线上会形成传感器电压和电流，这能够使在 PLC 控制输入端屏蔽用的光电耦合器中的感光二极管发亮，从而导致电光相互耦合作用的屏蔽功能完全丧失，使 PLC 系统产生误操作。根据这些情况，为了用长线输入 PLC 的开关量信息，应采用小型化中央继电器开关来隔断。由于光电耦合器中感光二极管的工作电压很小，仅几毫安，而小型化中央继电器开关的最大输入线圈吸合电压为几十毫安，所以强电扰动信息中由于电磁感应所形成的电能并不能使隔断用的中间继电器吸合。同时，由于中间继电器还带有多个相对接点，所以其能够分别为 PLC、上位电脑、指示灯供给输入信息。为增强抗干扰能力和防雷击，除了可以利用 PLC 的外部信息、PLC 和上位电脑及其他智能装置之间的串行通信信息，还可利用光缆实现传送与分离。

PLC 系统中的抗干扰是个十分复杂的课题，所以在抗干扰工程设计中应充分考虑各因素的影响，并合理有效地控制抗干扰程度，使 PLC 系统顺利工作。随着 PLC 应用范围的日益扩大，怎样更有效、安全的应用 PLC 将成为其发展趋势的关键。在不久的将来，PLC 会有更大的发展，商品的类型将会更加多样化，型号更完善。通过更趋完善的人机界面、完善的网络设备，其会更好地满足不同工业测控场所的需要。PLC 将成为智能化工业测控网络和国际通用网络中的关键部分，将在工业生产测控领域起到愈来愈大的作用。

第二节　PLC 训练模式及创新

一、创新训练思路

（一）加强校企合作，探索教育投资和改革评估办法

笔者通过深入工厂参观一线技术人员工作，与专家们一起研究从事特定职业领域的技术人员职业发展路径、专业知识和技能特点，能了解社会现阶段对毕业生的职业需求，并能根据典型企业 PLC 的案例制定教学计划，设置"车间即项目，车间即实际项目"的项目引导模拟课程，通过项目课程可充分提高学生的专业知识、技术、职业素质和综合水平。相关专业的学生掌握 PLC 必须具备一定程度的电气控制知识，所以自动控制系统程序设计是一门技术课程，对应用人才的要求很高。如果采取传统的方法先讲原理再让学生去实践，教学的效果不大。所以在项目建设过程中，教师就应该循序渐进地增加能够使学生动手设计、调试、控制的工程项目。在学生熟悉掌握了此基础知识点后，教师应再给其提供相对较难的知识点，设置自动伸缩门的控制程序。在各个步骤的项目过程中，教师要注意学生对知识的熟悉度，注意调整教学进度，循序渐进，使学生学习水平在不断提高的同时，也能使其充分地获得成就感，由此调动学生的兴趣。教师在巡回讲解的过程中应根据学生提出的问题给予其回答，让他们掌握实践工作的相关知识点，体验实践工作流程，这样，教学效果才会得到保证。

在项目管理教育中，教师要经过询问（教师安排工程项目作业，学生搜集材料）、决定（教师与学生一起剖析案件，商讨方案）、策划（准备工作共层，明确操作流程，制定考核内容与标准）、执行（学生共同完成作业目标，一起研究并解决问题）、检验（学生示范并讲述执行流程，教师检验并给出意见）等流程进行项目管理组织教育。项目教育的评估方法，不但应该注重学生的学习成果，还应当注重实现其学业目

标的全过程，强调活动评估，做到形成性评估和结果性评估相结合，更多地关注学生的成长，从而充分调动他们潜在的主观性。教改后的新课业考核方案改革了以往知识积累为主要考查方式的终结型考核模式，实现了"知识、技能、素养"三位一体的综合考核。成绩考核主要由平时成绩、过程性评价和期末总结评价三个方面构成。平时成绩的评价主要包括交流、训练、写作、思考题等。过程性评价可根据学生在课程计划实施过程中的信息获取、项目策划、执行流程、落实成果、队伍配合、组织方法等结果来确定。当各个课题结束后，学生可根据评分标准自查、互检，教师也能对其进行评估。期末总结评价是根据学生完成考核工作的表现和作业成绩的总评价，这种评估比较真实，更能激发学生学习的主动性和积极性。

（二）进行教学资源准备及教学组织

教师的硬件配备：西门子 PLC 电动机学习装置，智能供电控制系统学习装置，智能电力控制系统实习装置，智能化线路测试学习装置，三菱 PLC 单机实习设备（安装 30 台计算机及 GX 软件系统、PLC 手编器等），能实现模拟课堂教学和多媒体电化教育的 PLC 专用教室四间，电力变频检测装置 10 台。软件资源：修订稿的多媒体教学课件、修订稿讲义、电子课件、录像材料等。为保证教学质量，学校还应多开展相关活动，如自动化技术研修班和工厂参观活动，让教师下工厂实践，以提升学习实训的效果。

（三）加强思想创新

所谓创新意识的培育，就是使学生养成崇尚创造、渴望技术创新、以技术创新为荣的价值观和意识。例如，教师应展示以 PLC 为手柄的立体汽车、发电机以及道路灯等试验，以便让学生对 PLC 的控制有更加直接的感性认知。当充分调动了学生的兴趣与积极性后，教师将告知学生要使用 PLC 完成他们所看到的所有功能。他们首先必须了解 PLC 的基本工作原理、指令系统，然后把理论知识和实际运用相结合，进行控制系统设计。在教师讲解控制的输入/输出类基础命令 OUT、SET 时，教师可向学生指出：这两个命令都能够使线圈有输出，但是不是有差别？可不可以互相替代呢？有学生指出了他们的不同之处。这时教师要肯定他们的创新成果。接着，教师要总结学生的发言，从理论上介绍这两个命令的区别，同时让学生在实验课上完成实践任务，在实践中得出结论。

教师要以创新为教学理念，培育学生的创新意识。从未来的技术发展趋势来看，工业生产第一线对自动化人才的层次要求愈来愈高，既需要技术型人才，更需要具备积极进取与探索创新能力的人才。所以，改变教学观念，将常规的教学模式转变为创造型教学模式及以学生为核心的模式，发挥学生在课堂上的主体作用，是未来教学的新趋势。在课堂上，教师不但要教授学生基础知识，更要传授给他们探究问题和解决问题的方式与技巧，以激发他们积极应用科学知识、不断创新的积极性。创造力是人的智力因素与非智力因素结合发展的结果，学生通过读书与锻炼，可以培养创造力，发展创造力。创新思考的基本步骤包括认识问题、提出问题、提供假设、发现方法及验证、否定、再另寻找解决问题的方式及检验等，直至完全解决问题或通过测试。课程的每个环节都需要学生有良好的思维能力，而创新课程更注重的是"发现"知识的方法，而非单纯地获得结果，注重的是创造性发现的方法和能进行创新的能力。随着现代科技的发展，以往的教育思想已经不适合 PLC 科目的教育。为此，教师应努力通过创新型教学充分调动学生自觉学习的积极性。PLC 教学的核心是按照控制要求进行编程设计。编程设计要注重人性化，也就是要充分调动学生在学习时的创造性。教师应通过设计多个问题来引导学生独立思考，标新立异，敢于质疑，从而锻炼他们的发散思维，指导他们找出更多的方法并解决问题。例如，在介绍了 PLC 的常用命令后，为加强学生对命令的认识，教师对每个命令都会引入一些实例进行说明。当讲到 PLC 的使用时，教师会选择各种方式加以应用，包括基本命令程序设计、顺序控制命令程序设计、控制指令程序设计、比较命令程序设计等。为培养学生的工程理性认识，教师应力图减少空洞、乏味的工程理论知识介绍，并经常为学生分析介绍实用的工程施工案例。另外，在上实验课前，教师通常会预先提出条件，让学生有充足的时间开展自主探索、上机测试等。同时，这也改变了传统的作业批改方式，教师只进行理论引导，学生可自主开展上机测试实验来发现问题，教师则能通过交流、讲解、表扬、引导及时发现学生的创造潜力，并肯定其在编程操作上的创新性思想。事实证明，这种方法能培养学生的创造力，也能大大提升他们的学习积极性和创造力。这让学生产生了成就感，从而为培养其创造打下基础。对于课后作业的安排，教师不再拘泥于书本知识点，而是用几个具体问题引导学生独立思考，使其找到解决的途径，让他们合理运用课外知识，借助互联网的途径查阅材料、上机测试，这种方式培养了学生的问题意识，同时也拓宽了他们的眼界。

（四）加强方法创新

在课堂教学过程中，笔者更强调将现代的教学理念与传统课堂教学方式有机融合，从而形成"知识先导，能力提高，素养目标"的教学方式。在课堂教学中，教师以工程案例导入问题，并兼用启发式、讨论式、互动式等教学方法，能积极调动学生的学习积极性。教师要做到"不愤不发，先讲后评"，同时还要对他们的自主学习意识加以训练，例如在介绍 PLC 梯状图的经验与使用方法之后，教师会列举几个编程的实例，然后再要求学生自行查找参考书，选择不同的方法，同时还要上机模拟编写的软件，这样才能指导学生练习、独立思考。采用这些方法并进行训练，目的就是让学生由模仿走向思考。例如，教师可让学生完成几个关于基本命令、步进指令和控制指令的综合体，完成期限可延伸至一周，同时附加鼓励机制，以引导他们开动大脑，去探索。同时，教师需要和 PLC 试验室配合好，实行开放式管理，让学生事先预约，之后再让其进入实验室完成测试。事实证明，这些办法都充分调动了学生的主观积极性，PLC 实验室的使用率很高，而学生也会更积极地与教师探讨科学问题。与学生进行沟通时，教师要能耐心聆听，循循善诱，旨在解决学生的实际问题。而针对编程中的问题，教师要给学生一些有针对性的指导意见，以便学生掌握程序设计技能，最后使其学会自己解决问题。

转变教师作用和教学方法。课堂教育一定要充分发挥教师作用，教师将自己的创造精神、人格、平等公正的教育思想、自然生动的课堂气氛直接地传达给学生，给他们潜移默化的影响，是培养学生对本门科目浓厚兴趣的基础，也是创新教学的重点。学生对 PLC 教学内容感兴趣，才会有创新的热情。在以往的 PLC 课程中，从事理论课教学工作的教师并没有负责实验、实训等课程，学生只能埋头于书本理论课程的学习；而从事实验、实训教学的教师，又没有从事过理论课教学，这使理论教学和实际经常脱节。理论课堂上，教师讲授的教学内容到了实验、实训课堂却没有有效体现，而实验、实训课堂上学生所提出的问题也得不到教师在理论上的有效指导，这就常常导致学生无所适从。基础理论课教师无法直观掌握学生的实际动手能力，而实验、实训课程教师也无法直观了解学生的理论知识掌握程度，教师自己的创造精神也受到了限制与压抑，从而导致教师教学方式死板，这样的教学也很难培养出创新型的学生。要解决这一问题，必须转变这种教学方式，教师既要教基础课，又要做实验，既要讲授理论知识，又能回答学生的问题，这使其可以及时发现学生的某些创造性思维、能力，并适时给以其肯定与表扬。这种管理的结果，在无形之中构建起了一个互相了解、互相尊重、互相信赖、良好和谐的人际关系。另外，在教学模式上，教师不应拘泥于传统教学模式，笔者探索并应用了以下几个新颖的教学模式。

教师可以应用"一体化"教学方法，它是强调技能训练、提高能力培养、增强学生综合素养的整体教学方法。教师应采用理论课和实践课程穿插开展的综合教学方法，将实践过程贯穿于整个教育阶段，应逐步建立集理论知识讲解、技能训练、能力提高、全面素质教育于一体的 PLC 应用一体化教学方法体系。该方法强调实践性教育，提倡理论课程与实践应用服务的教学思想。整个教育阶段主要围绕 PLC 知识培养（实验）、PLC 综合训练（课程设计训练）及 PLC 控制系统设计（毕业设计）三项重点实践性内容进行。经过上述内容的学习，学生能够进行 PLC 的正确选择、PLC 的正确程序设计与测试，以及 PLC 控制器的正确使用与测试。整个课程体系可分为前期教学准备、基本理论知识和实践性教学大纲、教学计划、理论教学方案设计、实践性课程设置、教学评价等。

教师应构筑"立体化"的教学模式与教育技术手段，将讲义、课程参考书、多媒体教学课件、现代化教育实践平台、互联网信息等融会贯通，采用多媒体教学技术手段，从而使课内教学与课外自主式学习的教学手段有机融合，使课程相互渗透，突出 PLC 基本原理、基本程序设计方式和基本技能的综合训练。该教学模式强调教学内容、方法、实践、技能和生产实践相结合，训练学生掌握运用 PLC 技能处理现实问题的能力。

案例教学法能通过一个个鲜活的案例介绍，使 PLC 的概念、命令、编程的方式从单调走向活泼，也能调动学生的学习积极性；PLC 的系统设计从学生处理具体的工程案例开始，经过层层分解，再一步步进行，最后概括总结系统设计的完整思想，这使学生对难以处理的复杂问题有清晰的思路，使问题迎刃而解，从而激发起学生的创造力。

"任务驱动型"实践教学方式突出实践性教育，强调学生的动手能力。实践课程学时和理论知识教学学时比例为 1∶1，实践性教学内容主要包括学生利用业余时间通过社区实践的多种形式进行的 PLC 使用调查报告；学生根据课前提出的各项任务进行的 PLC 编程实验或实践小制作、课程实践；等等。整体实践性课程环节以"实现一套 PLC 应用系统"这一任务为主线，通过层层深入，能逐步训练学生知识运用的能力。

PLC 教学本来是微机原理的一个应用课程，但具有基础理论知识课程和生产实训过程不可分割的特点，因此需要一体化课程。教师在进行教学准备时要充分运用所有学生可以使用的教育资源，将学习中的静态知识信息转变为生产实训过程中课堂上动态的教学信息，在课堂过程中采用创造情境、巧设问题、共同探究、动手实践等方法增进学生与教师的交流，从而高效开展教学。同时，针对学生的特性，教师在教学中要多将理论联系实际，并开设如洗衣机、交通灯控、霓虹灯工艺造型设计、投币机械、高层扶梯控制系统等的生产生活实践应用课程，以提高学生的学习兴趣。同时，学校也可组织学生到一些现代化的设备企业开展参观教学或见习，使其实地掌握 PLC 技术的实践运用。

PLC 教学安排的时间也非常重要，若时间安排得过早，学生往往缺乏基本知识储备，学习效率低，且教师讲解吃力。在实操练习中学生往往会因为无法着手而一筹莫展。教师常常需要补充一大堆内容，教学举步维艰。若 PLC 教学时间安排得过晚，学生都已接近上岗实习，余下的学习时间已不多，根本无暇顾及。

比较合理的学习时机应该为学生已经学完或已经开始进行电气驱动控制器和电机调节电路学习的时候。因为此时，学生已对所学的继电器接触器控制电路有了坚实的学习基础，而 PLC 的调节集成电路的基本原理也与传统电气驱动的继电器控制线路有不少相似之处，这更有利于他们迅速理解，完成两个主要方法的综合掌握。例如，PLC 中使用的阶梯图形，正是在传统的继电器开关接触式调节集成电路上的常开常闭触点、继电器开关线圈和"与、或、无"逻辑关系的数形符号的基本形体基础上演变出来的，加上计算机指令的信息，它看起来更为具体形象，更有利于充分调动学生在学习过程中的积极性。如此一来，教师既可以对电气控制线路的内容进行适当扩充，也降低了 PLC 教学的难度，更有利于学生理解并掌握所学理论知识。另外，前后课程的时间不能间隔太久。

PLC 技能的融汇与贯通掌握，是学生对各种 PLC 机型以及各种编程软件应用技术等理论知识与实操基础知识的全方位了解。由于 PLC 技术发展得很快，社会各界对

PLC 技术人才的要求也愈来愈高，对于全面了解 PLC 技能的人才需求也愈来愈大。这就需要教师在进行教育的同时，也要适应社会需要。

目前，不少学校的 PLC 实训仪器要么已经过时老化，要么器件型号功能过于简单，对编程环境的更新也没有落实，在这样的平台上进行的 PLC 实训课程是不成熟的。这就需要教师在教育的过程中要有新思维、新知识和新行动。教师应根据学生在掌握知识、机动能力和习惯上存在差别的实际，借助学校已有的 PLC 教学实践教育资源，并根据 PLC 技能灵活变通的特性，举一反三，灵活应变。

教师在课堂上要把握锻炼学生的时间，做到勇于放手，敢于放手，要掌握布置实训项目松紧适度的规律，从而使每位学生的特长在任务实训的实践中最大限度地彰显。任务实训的各个项目均以来自身边的工作实际为中心，这使学生能灵活运用所掌握的理论知识勇敢应对，灵活处理现实难题。

PLC 实习课程的创新实践证明，PLC 实践课程要牢牢根据学校的生源情况和学院的实际状况全面铺开，突出培养学生生产生活实践能力，进行分阶段一体化教育，着重训练学生处理现场实践问题的能力，以实现培养高技能人才的教育教学目标。

（五）培养学生的创新实践能力

强调并重视科学实验是培养学生创新性实践才能的一个渠道。学生要在进行每个试验前做好预习，并撰写预习报告，以熟悉所做的实验内容。学生首先要对每一次试验的试验目的有清楚的了解，然后再合理地运用试验设备认真观测试验现象，准确记下试验数值，以便得到相应的试验结果。试验完成以后，学生还要整理好器材，并撰写试验报告。因此，在做将继电接触器控制转变为 PLC 控制的试验时，教师应要求学生必须先了解各类低压电器的应用方式以及 PLC 可以驱动负载的形式与适用范围。做试验时，应先让学生装配普通的四台电机，接着再用 PLC 配线调试，然后编程，最后再将两种方法加以对比，写出它们各自的优点，并让学生通过这些实例归纳出 PLC 的基本性能控制方法和接线简便的优点，学生的创新实验操作能力也将通过这一步骤得以逐步提高。接下来，就是对该实验的技术更新，探究可以实现单步操作和急停的方式。这个实验可以完全由学生自己绘制操作流程图，完成程序设计，调试接线，进行模拟和测试。教师应从科学的高度加以把握，当学生遇到困难应给予其启发，并向他们说明实验设计的方法以及出现什么情况要怎样处理等。同时，教师应做好逐一评价。这样，经过多次的实践学习，学生不仅能仔细分析问题，而且能够识别问题，学会解决问题。由于 PLC 的试验属于创新型、综合型的试验，学生需要通过仪器才能完成实践练习，同时要采用计算机实验教学管理系统。因此，要对学生敞开 PLC 实训室，这样，学生就能够自主提出研究问题、完成创新试验、编制模型，完成课程设计和毕业设计任务。经过这样全方位、多角度的培训，学生的创新实践能力能得到培养。

以往的 PLC 实训项目管理课程都是根据书本上规定的实训项目管理内容来展开

的，其实训内容单一，不够丰富，不利于培养学生自主开发、自我革新的意识。因此，学校要不断更新实训课程，扩大学生自评实训工程项目的规模，并推出一些比较新颖的复合型、创新性实训。同时，利用设备资源，帮助学生完成一些创新性的工程项目，这些设备模拟性很强，学生能够较好地培养实践动手技能，也可以调动自学积极性。

在 PLC 实训活动教学的过程中，教师一方面可将教学与国际机电装配 PLC 比赛相结合，在实训课程上介绍中国机电装配 PLC 比赛中的有关实训过程课题及项目；另一方面又可结合学校的各种机械，引导学生用 PLC 对其进行现代化改造，这样可以大大激发学生的创新激情与创造兴趣，真正做到 PLC 工程技术应用类人才的培养。教师在教授实训过程课堂的过程中，除讲授三菱设备以外，还可以比较合理地介绍西门子设备和松下、欧姆龙等实训流程项目，以充实学生的知识面，扩大他们的眼界，使学生更好、更快地适应就业和工作。

PLC 的基本原理研究和使用是一门实践性较强、对学生工程意识训练很有价值的科目。当前，PLC 实训项目教学的实施，对为社会主义现代化建设培育富有创造意识和较高动手实验技能的复合型人才有着重大的作用，所以，有必要对当前学校 PLC 实习项目课程的教学方法进行进一步研究、探索和改造，以发挥实习教学的优越性，激发学生的积极性和创新性。

（六）加强考核创新

更新的考核体系在对学生掌握 PLC 课程的能力表现做出评价的同时，也革新了以往以考试成绩评价学生的传统评价方法，以注重学生个性发展为基本方式，从注重成绩评价转变为更注重能力评价，更关注学生的再学习意识、独立思考水平、克服困难的能力和创造性思维能力等。PLC 基础理论教学成果与教学设计绩效的评价，是分别完成的。理论教学考试的最后结果包括四个方面：①平时成绩，即作业完成情况、上课时出勤、课堂教学问题解决的具体表现；②试验成果，即学生共同完成的课题试验规定的试验内容和科研报告的提交状况；③调查成果，即学生运用课外资源进行的 PLC 应用调查；④考试卷面分数。课程评估的最后结果包括五方面：①平时表现，即对项目设计工作的能力展现及学习态度；②信息系统软硬件工程设计；③信息系统装配测试；④信息系统设计资料收集；⑤答辩评估。总之，课程各部分都应该围绕着让学生"怎么学""怎么做好"而进行，这也是 PLC 课程建设改革和发展的最终目标。

综上所述，创新性教学已成为当今学校教育活动的新特点，在 PLC 教学中，教师应注重培养学生的创新能力与思维习惯，以进一步激活他们的创新能力，最大限度发掘他们的创造潜力，培养他们的实践运用意识。

PLC 是融计算机、自动控制、信息通信技术于一体的先进自动控制设备。其能利用软件来优化管理流程，同时具备程序简化、准确性好、抗干扰能力强的优势，已被应用于企业管理的方方面面，成为现代企业信息化三大支撑之一。但是，以教师为中心、将学生作为消极的"填鸭"对象的教学方法抹杀了学生的自主精神和创新潜力，过于重视知识的传授，重视教师在课堂中的核心作用，忽略了学生的个人差异，这样会严重削弱课堂效果，这样的方法也很难培养学生的创新能力。现代信息技术的发展完全改变了教学方法，改变了传统的教学方式。以学生为中心、强化学生在课堂中的地位，是未来教学的新趋势。在课堂教学中，教师不但要传授学生基础知识，更要培养学生发现新问题和解决问题的能力，以激发学生自觉运用科学知识以及创新的思维。为此，学校可对课程在内容、教学设施配备、教学方法和教学手段等方面加以变革，采用丰富的学习课程、配套的教学设备，以适应 PLC 课程要求。

（七）改变传统教学的课程体系，编制与 PLC 实训课程装置教学相关的校本课程教材

对于常规的 PLC 基本原理与基础应用课程，教师通常都是将其基本原理、基本命令、基础应用等分为若干单独部分，目的主要是考虑课程内容的严谨性、完整性等。而教师分析实际教学实践可以发现，课程内容的编入出现了重理论、轻实际问题，理论和实际之间的脱节致使学生出现了掌握了指令却无法应用指令编写程序（特别是功能指令）的情况。这样的教学模式明显无法适应一体化课程的特点。

根据以往课程的不足，并根据国家对电气工程自动化人才的培养目标，笔者明确提出了 PLC 专业技能班级课程框架的总体设计思想：以通过设计任务与知识任务实现能力训练的教学和考核方式为主线，构建以任务为核心，以能力训练为目标，以相应知识点为基础的任务驱动式教学框架。教材中的每个项目均以现实项目任务为线索，内容会由简单到复杂，知识会从基本到实用。教师应严格按照知识、能力的培养原则，让学生带着目标去学，在实现目标的过程中，学生应做到基础知识掌握与能力培养的结合。

（八）完善教学设施设备

基于"目标驱动教学法""协作学习方法"的要求，学校设置了 PLC 课程专业实训室。这套装备是集可编程序控制器、变频器、接触屏、PLC 通信模块、A/D、D/A 等变换单元的组合运用研制而成，还装备有 PLC 教学实训课程的低功率电机运行显示模块。该仪器的实训水平与考试能力，既能适应学生正常的实训技术课程要求，也能适应修理配电各级别（先进工、预备技工、技工、高等技工）的技术等级考试需要，在教学过程中，必须按照课程设计的要求完成仪器的选型。

（九）应用"协作学习模式"

首先，合理分配学习小组。为了满足小组成员的互补以及小组之间公平竞争的需要，教师要充分考虑每位学生的能力、兴趣爱好、年龄性别等多方面的因素，通过互补的形式提升合作教学的有效性。例如，认识方式不同的学生相互配合就可以充分发

挥各自优点，从而使学生知识风格的发展"相互强化"。如此，就可以确保各小组在大体一致的水平上进行协作学习，而学生在竞争中也会有"旗鼓相当"的感受。

其次，教师应转变教学工作。以往学生是在各个封闭的教室中上课，而教师则进行"一言堂"式的操作，久而久之，学生会觉得单调无味，没有兴趣学习或者害怕课堂学习。然而，在 PLC 的教学条件下的小组协作教学中，教师不仅仅是问题的讲解者，同时还是问题的创造者、行为的指导者、事件的主持人和学生的合作伙伴。所以，随着教师角色的转变，为了适应协同教学的需要，教师必须设定好研讨的任务。研讨内容既要针对课堂教学对象，也要突出问题性质，富有启示、思考性、探索性和开放式，这样才能让学生主动思考与探究。

最后，实施科学合理的评价。正确地掌握评判准则，并制定相应的激励机制，对于引导和调控学生学习起到了关键的作用。合理的评分能够使学生深受鼓舞，进而形成强大的学习动机。在协作类课程的学习中，学生主要是以分组协作的形式来完成任务的，因此教师必须掌握好对小组间讨论的评判准则，同时也要做好对教学过程的评估工作。

（十）创新教学手段

1. 激发学生的学习兴趣，培养学生的自信心

"兴趣是最好的教师"，唯有学生对学的东西充满兴趣时，其才会激发旺盛的求知愿望。刚开始学习 PLC 时，学生对这个专业不熟悉，将其简单理解为计算机类的编程项目，其学习出现了畏学、缺乏自信的问题。因此，教师要提升课程的艺术性与科学性，在讲解 PLC 课程中，可以举出 PLC 在实际工作中应用的实例，以让学生对 PLC 的使用有基本的认识。例如，繁荣都市的霓虹灯、道路灯，温馨居民小区里的人造公园，机械加工中心、数控机床等这些和大众生活密切相关的实例，能让学生觉得它们就在周围。学生对发生在周围的事物最易产生浓厚兴趣，而他们一旦发现周围的事物能够运用学到的知识来处理，其就可以提高其对学习的自信心。所以在教学时，教师应根据教材特点，将有趣味的问题带到课堂，以此提高学生学习的自觉和积极性。

2. 用多媒体计算机辅助教学

电脑多媒体能建模模拟，化抽象为形象。教师可利用多媒体的音频、图形、文本、超链接等功能构建形象生动、丰富多彩的教育情境，能使学生增进认知、发展逻辑思维，也能降低知识理解难度，转难为易，变抽象的概念为形象化，从而攻克课堂的重点与难点，进一步调动学生的学习兴趣。

3. 采用网络环境下的协作学习模式

在 PLC 课程中，利用互联网技术建立的协作学习场所就是指利用计算机和网络通信等现代信息技术所建立的，通过创造多个教学条件来实现个性化教学，同时鼓励使用者进行协作，共同来实现教学目标的虚拟教学场所，其包括留言簿、电子邮箱、聊天室、视频会议等。经过教育实验，笔者认识到，"创新课程"是理论联系实际的重

要桥梁，能够引导学生独立思考，发挥他们的主观能动性、创造性，培养其标新立异、勇于探索的能力，培育其团结协作的工作能力，也能让学生更迅速地了解 PLC 的基本思想，从而实现科学教育的基本目的。

二、"星–三角"降压启动 PLC 实训教育方案的研究和实施

"星–三角"降压启动（以下称 Y–△）在控制系统的安装和调试控制中使用得相当普遍，而且极为关键。大型电机的正常启动时限一般为几秒至几十秒，在制造过程中，电机要频频启动和停机，所以电机的正常启动特性对产量有直观影响。较小容量的电机可能采取径直自动启动方法，而当电机容量很大时，进行自动启动时形成的最大自动启动电压会是额定运行电压的四至七倍，如此巨大的自动启动电压将形成下述不良后果：①启动电流过大会使电压损失较大，启动扭矩不足会使电机无法起步；②发电机变压器过热，绝缘老化，会减少电机的寿命；③引发过电流保护设备误动作、跳闸；④使设备的电压产生变化，从而产生电流干扰，影响连接到设备上的其他设备的正常工作。因此，可以通过降压启动的方式控制启动电压，而 Y–△ 就是降压启动的方式。

于是，Y–△ 控制的安装和调试的实训课程就变得十分关键，同时还有不少人觉得该实训课程困难，因此，笔者就该实训课程设计做出了如下创新和实践。

（一）对教学情况与重难点进行分析

1. 教学情况

学生特征：学习主动性不强；独立意识较差；自信心强、喜欢活动；知识转变为实际运用的意识薄弱。

实训基础知识与技能学习要求：熟悉 Y–△ 控制基本原理；可以动手绘制 Y–△ 控制基本原理图形；掌握 Y–△ 控制系统结构；熟悉 Y–△ 控制电路编程；熟悉 PLC 定时器命令；熟悉 Y–△ 的程序编制与测试；熟悉 Y–△ 控制电路的联机运行测试；熟悉 Y–△ 控制电路故障检测，从而进一步提高学生的技术创新能力、解决问题的能力和更强的岗位综合管理能力。

2. 重难点分析

理解 Y–△ 控制电路的基本原理（重点）；手工制作 Y–△ 的基础绘图（重点）；应用 PLC 定时器指令（重点）；Y–△ 控制电路组装（重点）；Y–△ 控制集成电路的程序编制和测试（重点）；Y–△ 控制系统的安装（难点）；Y–△ 联机运行调试（难点）；Y–△ 控制电路的故障状态检查（难点）。

（二）采用的教学策略

通过对以上教学情况和重难点的剖析，教师要在教学方式和策略中体现"做中学

教，做好中学”的教育特点，具体教学方式和策略主要包括以下几个方面。

（1）教师可通过项目教学法、PPT 授课和在实训中提供的 Y-△ 降压的控制安装和运行视频实现课程内容教学。

（2）教师可利用网络搜索实训的模拟教学软件中的模拟动画解决实训过程中教学趣味性不够的问题。

（3）教师可通过分组自学的方法，利用小组自评、分组互评激发学生的团队荣誉感，帮助克服学生独立意识差的困难。

（4）教师可应用项目创新技术，实现理论知识和实操的深度结合，提升学生的职业技能。

（三）"星-三角"降压启动 PLC 控制实训教学流程分析

1. 课前准备

教师可利用 QQ 或微信的形式通知学生访问精品课程网页，以使其掌握 Y-△ 控制原理，使用实训或模拟的教学软件，及时预习 Y-△ 控制器件配置和调试。

2. 创设 Y-△ 实训项目应用情境

为了能够让学生直观、感性地理解教学内容，增加教学趣味性，教师可创设以下实例情景。

在教师演示了电动机 Y-△ 控制的工作流程，按下启动钮 SB1 后，KM1 和 KM2 的主接点开始工作，马达 M 行星型降压启动，这时，学生能够看见马达低速运转。在马达 M 星型工作 10 s 后，星形接触器 KM2 的主接点断开，并与三角触及器 KM3 主触点连接，马达 M 的三角触及全压工作，这时，学生能够看见机器高速运转。当按下停机按键 SB2 时，学生可以看到电机 M 已经停止运转。而假如马达超载，当热继电器接点 FR 启动时，马达 M 就会由于超载保护而停机，警示灯会亮。

教师可将学生分为两人一组的学习组，由每组演示体验，以激发他们的兴趣。经过练习，学生就能够进行该实验的硬件接线和软件编程，得到同样的电机工作性能。而这种做法也向学生提出了实训目标，并引导他们思索应该怎么实现 Y-△ 控制电路。

3. 项目实施过程

步骤 1：介绍 Y-△ 控制电路的基础原理。

教材结合了电动机 Y-△ 的演示操作流程，并利用 PPT 中 Y-△ 动画讲述其基本原理，能使学生掌握 Y-△ 调节系统的基本原理，并能够使其将理论知识联系实际。

步骤 2：描绘 Y-△ 控制电路原理图。

将标准图传给学生后，每组可使用尺子绘制原理图。小组内部可以先相互纠正，之后再统一纠错，教师审核后要进行工作记录，要记录学生实训的平时成绩。

步骤 3：Y-△ 控制电路的组装。

教师要让每组根据原理图和课前准备的硬件结构轮流抢答讲述。

在完成 Y-△ 控制电路的装配之前，教师可先回放 Y-△ 控制电路的装配录像，接着让学生通过原理图接线，并进行自检、组内互查，最后教师负责检查，得出每组的装配分数并将其作为平时成绩。

步骤 4：Y-△控制电路的程序编制。

教师应进行有关知识的介绍，包括 PLC 定时器的基本知识，应利用点亮灯的方法解释定时器指令。

学生应按项目所需要的指令编写程序。教师边讲解边让学生轻松了解指令使用原理和程序设计技术。教师应更新位置，并指导学生编制程序，学生可自评编完的程序，然后学生间互评，最后由教师考核。

步骤 5：Y-△控制电路的程序调试。

教师边讲边操作，能让学生轻松地学会调试程序的方法。

在停电的状态下，教师可将 PLC 的输入/输出部分正确接通，使输出部分不接触检测区域。接通后，可利用指示灯给 PLC 提供任务信息，并控制 PLC 的端子指示灯和程序中的调试程序。如达到了任务要求，则程序调试完成；如果不满意，则要查找原因，进一步测试，直至满足任务需求。

学生应模拟教师动作，在停电的状态下把 PLC 的输入/输出部分正确接通，使输出不接触检测对象。送电运行中，小组可自查作业，也可组间互查、教师抽查，再编程调试。

步骤 6：Y-△控制电路的在线运行测试。

教师需要边讲边操作以下内容：在停电状态下，教师应把 PLC 的输出连接给检测对象，在保证接线正确无误后，可通电进行在线测试，当教师按下开机按键 SB1 时，会发现机器在低速运行，然后电动机 M 以星形状态降压并启动。10 s 后，教师会发现电动机在高速运转，电机 M 用三角形方式做全压工作。当按下停机按键 SB2 时，电机 M 会终止运行。但假如电机超载，当热继电器开关的接点 FR 启动时，电机 M 就会由于超载保护而停机，这时报告灯会亮。

如满足以上条件，则联机调试完成；不满足，则检查原因，继续联机调试，直至满足以上要求为止。

学生可以模仿教师在线测试。送电之前，学生可分组自查工作，组间可互查，教师也可抽查，再次联机测试。

步骤 7：Y-△控制电路故障检测。

对发生的事故、事故成因和解决办法列表格，以给出引导性解说。

教师讲解"排故六步法"。具体步骤如下。

第一步：通过观察事故，掌握发生时的工作状态以及事故发生后的异常现象，从而确定事故发生的可能部位，进而做进一步检查。第二步：确定事故发生范围。第三步：找出事故点。第四步：排除机械故障。第五步：通电工作。第六步：做好保养笔记，以便于日后保养使用。

步骤 8：教师点评与评定成绩。

教师应通过小组自评、组间互评、导师抽查，针对工作完成、配合状况、流程录入状况等做出评价。教师应按照考勤制度、平时成绩、实训过程日志、实训课程报告制作考核表，最后给出分组实训的结果以及每个组的排名。每位学生为了该小组的集体荣誉会更加努力。

步骤 9：项目拓展。

学生应把该项目中学到的单台电器控制系统扩展到多个电器控制系统，如三层输送带Y-PLC控制系统以及四级运煤输送带PLC控制系统。

另外，学生也可以将从这个工程中学到的定时器技术扩展到交通灯PLC控制器。

该实训课程可通过分组练习法和任务驱动教学法培养学生的学习兴趣，使学生从"要我学"逐渐转化为"我想学"。视频的导入使学生身临其境，使其能按工程思维步骤进行设计。同时，在项目执行过程中，教师可采用"做中学，做中教"的教学模式，这让学生可以从实际操作中获得成就感，并感受到学习的快乐。

三、创新教学方法设计　助推 PLC 实训翻转教学课堂

（一）微课支持下的翻转课堂教学模式

1. 微课成为学生自主学习的支点

微课是以课堂录像为主要媒介，用视频记录教师根据特定课堂环节或知识点进行的简单而全面的教学模式。微课是一种数字化的资源，具备以下三个方面的优点。

（1）信息获得的直接性。微课视频主要针对课程中的某一重要知识点，主题突出，设置适当，从而省去了许多日常课程中的烦琐内容。

（2）对知识获取的要求性。微课服务于学生自主学习，并适应移动教学的需求，学生可从学生资源库平台中随时查找所需的微课视频，这较好地实现了师生个性化教育目标和满足了学生自主学习的需求。

（3）知识获得的有效性。微课视频时间短、教学形式多样、跨越范畴广泛，可以帮助学生掌握更多的基本知识与技巧、进行高效的学习。

2. 翻转课堂教学模式成为有效的课堂管理模式

翻转课堂教学和常规课堂教学相比较，有如下优点。

（1）教育主体的改革和教学方法的革新。在翻转课堂中，学生可以观看教师的微课视频，并参加教师布置的试验。此时，学生是教学活动的主体，而教师则是学生练习的辅佐者。

（2）个性化学习与因材施教。学生在翻转课堂学习时能够按照自己的学习状态自由调整学习内容。教师依据学生上课情况、作业完成情况，能给其提供针对性的指导，从而做到因材施教。

（3）实时记录学生学习轨迹数据并进行多元化评估。翻转课堂教学中，教师注重学生的学习轨迹，会实时记录学生平时的作业完成状况、阶段性测验状况、交流研讨等状况，并适时反馈给学校。在课堂教学结束后，教师可通过综合期末的考试成果、平时成绩、作业状况等，全面客观地评价学生的学习状况。

（二）基于微课的翻转式教学技术的具体运用——以交通灯的时间控制电路为例

1. 教学内容情景化

以交通灯的时间控制电路为例，体现在如下几方面。

首先，学生可根据工作页上的要求进入国家信息化建设教学资源库寻找本实训课教学所需要的微课视频，并利用情境动画模拟控制一个按照特定时间间隔变换的交通灯及电路系统，这能让学生的全部激情与注意力聚集在教学中。其次，学生可以直接从日本三菱公司的 FXPLC 模拟软件系统中模拟实际的工作情景，这在较大程度上解决了理论知识课程和现实工厂制造设备之间存在距离的问题，也提高了课堂的乐趣。最后，三菱可程序化控制系统实训设备的引进也为学生的实际情境课程提供了支持，学生可以利用 PLC 和交通照明控制系统模块的直接通信达成本次实训的课程目标。

2. 教学难点任务化

教师可利用高度自动化的方法，从 PLC 的云平台中搜索有关信息，并编制工程操作方案。另外，FX 的 PLC 模拟程序也给出了交通照明电路的检测过程及其相应命令的使用方式，从而训练了学生主动学习的意识。而程序的编制是此课程的难点课题，教师可以通过目标驱动法引导学生自主学习，把道路照明的时序控制电路分为东西方位和南北方位两个控制模块，而各个控制模块又可以分为多个小目标，学生可以根据目标依次完成程序的编制。对编程有困难的学生来说，其可结合微课等教学资源解决技术上的难点并进行练习，对于多次练习后仍没有解决的问题，学生可利用网络联系其他学生寻求帮助或请教师协助辅导。采用网络操作和微课授课方式，能使知识点化静为动，化难为易，学生的学习效果也比以往有了很大的提高。

3. 教学活动多样化

在翻转课堂模式中，教学方式也表现出多元化特点，其具体表现在如下两个方面。

（1）进行自主研究。教师在 FXPLC 的模拟软件教学后就开始进行装配实验的环节。在此之前，就已完成了对一个方向的交通灯的监测电路，也为教学工作创造了条件。在整个课程的执行过程中，教师采用了装配电路的微视频引导学生的接线工作，并对小部分学生采用了个别辅导的方法。通过实验，教师可逐步培养学生的整体设计意识与实际操作技能能力，并引导他们进行主动探索练习，使其感受学习过程中的乐趣。

（2）组织自主学习。在 PLC 实训环境中，由于个体知识水平存在差异，许多学生在学习时遇到了不少困难，单靠教师的帮助明显不足。教师在组织实训课程时，可以从传统的"插秧式"排座位改为六人一组的"对脸坐",发挥班级协作教学的优点,做到问题互补,以让学生在微课中得到思考和启发。而对于学生在讨论教学问题时出现的共性难题,教师对其稍加引导即可解决。如此,这在减少了教师课堂负荷的同时,还可以大大提高学生的学习积极性,也可以给各个阶段的学生创造相应的成长空间,从而帮助教师有的放矢、快速而有效地开展教学活动。

课堂教学实践结果证明,本课程从学生生活实际入手,以教育信息化发展平台和微课教学内容为基础,以项目课程为载体,以翻转式教学法为课程主轴,将 FXPLC 模拟软件课堂教学和 PLC 实训课堂教学相结合,能大大提升学生学习的实效性。教师借助互联网辅助教学平台兼顾学生的课内和课外,真正做到了课堂上师生、生生间的交流,使学生要学习、能学好、学以致用,切实体现了与时俱进的时代精神和以人为本的教学宗旨。

四、PLC 技术教学设计

PLC 具备可信度高、程序简洁、维护便捷等优势,在工业生产监控应用领域得到了广泛应用。学校教师开发的《PLC 应用技术》教材强调 PLC 的应用,重点教学生怎样利用 PLC 对工业设备及过程实现监控,是实用性很强的理实一体教材。理实一体化课程的网络教学很难实现,笔者根据《PLC 应用技术》这本理实一体教材,对专业课的网络教育做出了设计。

(一)"PLC 应用技术"在线教学组织模式设计

"PLC 应用技术"这门课程的主要特色就在于它必须开展实演练习,而传统类型的在线网络课程根本无法开展实践课程,所以笔者在对课程进行总体设计时,特别考虑了线上线下相结合的教学模式,会利用虚拟现实模拟技术解决理实一体教学的网络课程难点。

1. 分解重构教学内容

教师可将"PLC 应用技术"整门课的内容根据难易程度分成四个学习层次,各个层次包括了若干教学目标,各教学目标包括了若干章节,并为各个章节都配备了相应的教育资源。进行了各个级别的学习阶段后,学生就需要进行在线的测试,测试合格后可以进入实践的学习阶段。在进行了实践学习阶段后,学生就可以进行下一层次的练习。

2. 使用虚拟现实模拟技术,进行在线虚拟实训

通过虚拟现实的模拟程序,学生既可利用软件实现虚拟连接,现场编制方案,也可以先编写好软件系统,然后再进行现场模拟运行。学生可以按照自己的设置连接好电路,在进入运行状态后,即可看到试验结果,而测试结果既可以是模拟波形的形式,也可以是虚拟现实机械运动的形式。

3. 实现线上线下相结合，强化实践训练

学生在线完成理论知识学习后的虚拟化实践训练后，即可预订实习室完成实践训练。实习室管理教师可针对学生的情况给其提供不同的实训过程设备，学生也可根据自身的学习状况完成不同的实践项目，在完成了前期的理论知识教学和虚拟化实习培训后，学生的实训操作就会比较顺手。

（二）"PLC 应用技术"项目的组织和实施

"PLC 应用技术"具有理实一体课程的特点，其教学活动的具体实施与一般的计算机网络课堂存在差别。

1. 课程标准制定

教学课程标准的制订改变了常规教育标准的编写方法，经过专门人员的研究和企业调查，可对企业的具体专业目标进行研究，明确学校的行业目标要求，将企业所要求的行业人才培养目标和教学工作要求统一确定为课程内容。在明确了教学内容后，教师可精选成功的实际案例，对学生所学知识进行梳理，能根据项目的难易程度对其所学知识进行分级，从而明确各个层次所要求的知识、技能、素养目标，学生则可以通过完成各个层次的目标来实现技能、素养的培养。

2. 教师课程空间架构与功能模块建设

教学结构建设的优劣直接决定着学生的使用感受。教学结构的建设以学生能够方便、直观地查询自己所要掌握的主要知识点，以顺利查询所属的教学层次的所学知识为主要要求。当学生进入空间结构后，其就能够直接根据教学导航地图进入所属的层次开始学习，在进入某一教学层次后，教师还可以通过导学课件指引学生展开学习。导学课件罗列出了各个教学任务具体的讲解知识点，在各个讲解知识点后面还附有关于该讲解知识点的教学资料链接，学生可以选择所要掌握的资料链接开始学习。空间设计除了教学以外，还设置了互动提问系统，学生能够在互动群组内开展互动、提问。空间内还设置了网络试题库，教师把题目录入题库后，学生即可开始测评，教师还能够将题库的试卷按照不同的方式组卷，然后对学生予以测评。

3. 课程资源建设

课程资源管理的建立是确保教学活动顺畅开展并获得良性效益的重要保障。课程资源建设，首先是资源单元的建立，资源单元的建立要依据课标中明确规定的内容来进行。在学科资源单元建立完成之后，就必须对这部分的教学资源加以综合梳理，对教学资源加以系统性展示，而这种教学任务一般是使用导学式教案来完成的。使用导学式教案教师能将每一层级的教学内容分为若干教学活动任务，每项任务包括若干重要知识点。教师在各个重要知识点后设置若干教学资源，并将学科资源单元的链接直接下放到导学模式教案的列表中，点击相应知识点的资源单元链接后，就能够直接对该重要知识点开展教学活动。

"PLC 应用技术"项目是一个理实一体的项目，学生可通过网络平台完成学习。

教师对教学内容实行层次梳理，同时通过导学模式教案对课堂的微课资源实行系统化展示，从而能完成现场的实训教学。

五、PLC 的创新与创业培训研究

近年来，中国大学毕业生的就业形势日益严峻，实施大学生创新创业教育是顺应当前中国高等教育趋势，进一步发挥职业教育功能的重要途径。

随着市场经济的迅速发展，中国工业的智能化水平愈来愈高，电气智能化装置得以应用，企业对毕业生的开拓创新水平需求也日益增加，这些形势都对技能教学提出了更高的要求。作为工业自动化学科基础专业的 PLC 的教学，其需要满足市场产业发展趋势的要求，以市场对人才的技能要求为指导，不断创新教学方法。同时，为了提高学生掌握 PLC 的能力和拓宽学生创新、创业思维，大部分学校还将在 PLC 的教育中增加学生创新创业培训内容。

（一）PLC 课程教学中实施创新创业教育的意义

首先，从目前以及未来的教育发展趋势来看，企业一线生产对自动化要求的程度愈来愈高。企业不但需要技术型人员，还需要具备积极进取、开拓创新意识的人员。现代教育思想指出，传统教育模式过于注重知识的灌输，重视教师在课堂中的核心作用，忽略了学生的个体差异；教师过多重视知识，忽视了学生的创造力；传统教学课堂以教材为核心，抹杀了学生的自主学习能力和创新潜力。这样的教学模式既很难培育学生的创造力，也不能培育其创新能力。所以，创新教学思想，改变学校常规模式为创造型的教学模式，以学生为导向，提高学生在课堂上的主体作用，是学校未来教学的主要趋势。在课堂上，教师不但要教授学生基础知识，而且还要传授给他们探究问题和解决问题的方式与能力，激发他们积极应用科学知识不断创新的能力。

其次，从工业自动化的发展趋势角度看，生产制造中对自动化学科的人才培养需求愈来愈大，既需要熟悉基础理论的技术型人才，也需要具备创新意识的技术型人才。技术创新是企业发展与盈利的原动力，企业需要的是能够处理现场实际问题的熟练技术人员。

最后，PLC 被广泛应用于许多行业，如制造业、交通运输、家电等。作为学生，其可以通过参加知识竞赛、进入项目实践以及参加项目的实施工作，来进一步提高自身的综合技能，运用自身掌握的 PLC 理论知识进行创新创业。

（二）PLC 课程教学中实施创新创业教育的技术路线

1. 将理论知识教学和上机训练紧密结合

PLC 课堂需要教师具有处理实际问题的技能。在介绍命令前，教师要采用范例介绍方式，以加深学生对命令的认识。教学完毕后，教师应紧接着开展上机训练，使学生对整个系统有具体的了解和认识。如此，对学生实际技能的培养才有实际意义。

2. 转变教师作用，革新教学方法

进行课堂创造教育需要充分发挥教师的作用，将教师的创造精神、价值观、平等公正的教育思想、愉快生动的课堂气氛等传递给学生，培养学生对该门科目的浓厚兴趣，这也是创新教学的重点。学生对 PLC 课程感兴趣，在学习中就会产生新的活力。

3. 项目教学法在 PLC 课程中的创造性运用

运用项目教学法，需要把需掌握的知识点隐藏于教学任务中。教师应指导学生先对任务加以分析、探究，然后提出具体问题并解决，最后通过任务的实现获取更清晰的思想、方法和更系统的理论知识。经过对教材内容的改革和总结，教师可将 PLC 课程中的新内容恰当地包含到一个个任务中。这些任务能够有效驱动学生去学习，学生能够有效运用更多学科的知识培养自己的创造力。

4. 探究式教学在 PLC 课程中的创新运用

教师应该预先研究 PLC 的相关内容，并重视学生的独立认知能力，使他们在探索式教学的环境中感受到学习 PLC 的乐趣，并去探索与创新。通过这样的学习，学生不仅能够掌握 PLC 的应用，而且还能够对创新技术有更新的理解。

5. 让学生独立设计课题，培养其创造力

在学生有一定知识的情况下，教师可以充分调动其思想创造力，允许学生结合实际问题自拟课题，以培养学生的创造力。

6. 开展科创教学，训练学生的创新能力

科创教学有教学内容创新、紧跟社会变革和促进技术创新等特色。学校可以建立学生网络交流平台，专业教师在线解答学生的问题，引导学生寻找知识，鼓励学生进行小组讨论。

7. 融入以创新创业为主要价值指向的课程机制

教师要实施鼓励措施，不但对已经做出了一定成绩的学生加以表扬，还对学生有潜力的创新创业计划予以必要的扶持和引导，从而使学生感到创新创业离自己并不遥远。这样的机制可以让尽可能多的学生以比较积极的心态开展创新创业活动。

（三）PLC 课程教学中需要解决的难题

在 PLC 课程教学过程中，教师不但要传授给学生基础知识，最关键的是要与他们探讨解题的途径，训练他们解题的技能，激励他们积极利用专业知识培养创新能力，从而使其做到独立创新。为此，需要解决的难题有以下几方面。

（1）培育学生良好的创新精神与个性品格。在课程设计的一期工程中，教师可给出产品设计目标，学生应按照要求完成编制过程并做好上机的预备。学生在产品设计目标的驱使下会积极主动的练习，并逐渐形成独立思考的良好习惯。学生在编写过程中遇到困难时能主动去查找资源，寻找解决办法。在此过程中，学生的创新精神得以培养，创新潜力也得以被挖掘。而当学生经过不懈努力仍无法解决问题时，其就可以积极寻找教师或同伴的帮助。在学生面临困难时，教师也要耐心地对其指导，从而使他们恰当地对待成功、挫折和失败。

（2）使全体学生品尝获得成功的快乐，进而提高其学习积极性和激发其学习动机。学生保持旺盛的学习兴趣，需要教师给其提供适当的课堂教学任务。因此，教师设计的教学任务的难易程度要适当。心理学实验指出，难易适当的课堂教学任务能使学生获得的动机最强，积极性也最大，若任务太简单则无法满足他们的成就感，而各项任务太难则学生也完成不了，久而久之，其积极性会降低。因此，教师设计任务要具有层次性。在课程或实际教学活动中，教师可以对知识进行简单的分级设计，对知识进行分类考核。针对学生各个阶段的特点，教师所给出的教学任务也应该具有层次性，如此才可以满足各个阶段学生的学习需要。

（3）梳理创新思路，搭建创新平台。学生的创新行为离不开创造性思考。创新思想的全过程通常需要经历从分散思考到集中思想，再从集中思想到分散思考的反复过程才能实现。所以，教师应重视对学生分散思考与集中思想的训练，打造良好的创新空间，使学生在实践中创新。

六、PLC 实验教学系统探讨

目前，PLC 技术已被普遍运用于各类工业机械与产品自动管理系统中。PLC 教学也是一个实用性很大的课题，学生要对 PLC 的实践配套设施自己动手编程和上机调试，而现在学生的动手实践能力普遍薄弱，所以更急需用试验课来调动他们的学习积极性、主动性，从而使他们掌握这门专业课。

目前，PLC 实际培训普遍存在以下困难：硬件测试设备数量少，配套 PLC 测试仪器售价较高，学校所购置的 PLC 测试仪器数量少，无法保障学生一人一套，而且试验数量多，试验周期长。对于初级的学生来说，其在初次进行试验时因为好奇或认识不够会造成仪器的故障率较高。同时，测试仪器的使用以及仪器本身的电路和设备元器件的老化，也会导致其故障率提高。

上述种种状况在 PLC 实际课程中仍然普遍存在，这使学生掌握了 PLC 的基本程序设计方式和基础知识后，却无法马上在实践装置上验证，甚至很多程序编写后根本无法证明是否真实。这限制了学生对 PLC 基础知识的掌握与巩固，阻滞了学生创造性思维能力的发挥。根据上述情况，结合学校自身情况，教师可考虑通过下面两种方式来解决。

（一）PLC 模拟软件的使用

教师可以将 S7-200 系列 PLC 作为主要教学环境。其模拟程序 Simulation1.2 版本在网络上很方便查找。该程序不需要安装即可直接使用，容量大小约有几兆。将它加载到电脑后，便能够进行反复测试、操作，直到编写的程序达到预期效果。

在使用 S7-200 的模拟程序时，必须在 STEP7-Micro/WIN4.0 的程序环境条件下选定源程序，在重复调试、编辑直到合格后，从"File（文档）"菜单中选择"Export（导出）"后，将程序成果直接保存为".AWL"文档。接着，在 S7-200 模拟软件文档夹下运行"S7-200.EXE"文档就能够开启模拟应用软件了。接着，单击在画面中发现的图标，找到密码对话框窗口，加入模拟系统应用软件的接口。然后，选中在"配置"选项中的"CPU Type（类型）"（或在已有的 CPU 图形上双击），再从"CPU 类型"对话框的下拉列表中选取和要输入的程序一致的类型，如 CPU224、CPU226 等。然后，单击在"Program（进程）"选项中的"Load Program（载入进程）"（或工具条中的第二个按钮），会弹出对话框，接着把先前导出的".AWL"文档重新选定并启动，这样，该程序就加载在模拟环境中了。点击 PLC 表单中的"Run（执行）"，就可以模拟 PLC 进入"Run"模型，进程就打开模拟运行了。若选中"PLC"表单中的"Stop（暂停）"或工具栏上的红色小方块按键，就代表虚拟PLC 进入了"Stop"模型，进程也就暂停了工作。这时，若用鼠标单击 CPU 模组下方的电门板上小控制器上方的黑色区域，即可将小控制器的手柄上移，模拟 PLC 上的输入接点闭合，CPU 模组上与该输入接点相应的 LED 指示灯也将变成绿灯；若单击已封闭的小控制器底部的黑暗区域，即可将小控制器的把手上移向下，模拟 PLC 上的输入接点断开，而 CPU 控制器上与该输入接点相应的 LED 指示灯也变成了灰色。在Run 模式下，根据所执行的程序中规定的输入触点位置拨动相应的小开关，就能看见CPU 模组中的被控电源的 LED 指示灯会相应地亮或灭。

（二）组态技术在 PLC 教学中的应用（以 MCGS 为例）

MCGS 的组态软件具备多任务、多线程性能的特点，其软件系统架构完全使用VC++程序设计语言，并采用目标对象链接和内嵌的方式向用户开放 VB 程序设计接口，同时拥有大量的设备控制构件、动画构件、策略架构，用户可以随时便捷地扩展软件系统的性能。

1. 按照任务需要进行的软件设计和组态

（1）I/O 位置配置和代码。首先界定了 PLC 和 MCGS 的各自主要任务，通常把控制系统中所有的自动控制工作都交由 PLC 进行，用 MCGS 实现状态观察和动画模拟，并使用梯形图语言编制 PLC 的控制程序。

（2）建立 MCGS 数据库变量。

（3）创建监控窗口并确定属性，生成监控视频，完成动画连接。

（4）设置用户访问控制或设置工程安全控制。

（5）确定主控窗口的功能，确定用户操作权限、编辑系统表单，并确定系统文件名。

（6）进入系统窗口，调出驱动程序，确定与 PLC 的通信协定，打开 PLC 通道并与系统变量进行联系。

（7）编写策略和脚本程序。

2. 调试运行

利用制作的画面可以实现对 PLC 编程的验证，利用画面中所设定的按键等可以模拟实际中的开机和限位等功能。

3. 实验实施过程

在实验中，教师虽然不能直接向学生展示阶梯图形，但是可先利用计算机屏幕向他们展示已设计完成的模拟控制画面，从而使学生对所设计的控制器产生感性认识，以便更好地激发其学习兴趣。具体实验过程有如下几个方面。

（1）根据每个实验给出的控制条件和 PLC 输入/输出表，分析控制条件，确定控制目标。

（2）分析定义 I/O 点数，并设计 I/O 端子的配线图。

（3）应用西门子的 PLC S7-200 编程软件在电脑上编制程序，编制完程序后，将其加载至 PLC 服务器上（STOP 状态）。

（4）PLC 程序编制完成后，须对其进行调试修改。

（5）PLC 的组态软件通信。利用运行模拟画面，就可以形象直观地看到模拟 PLC 中被控对象的运行状态，从而能够检验 PLC 编程正确与否。

以上就是以 MCGS 为例的组态技术的实际应用，而目前在国内市场占有率很大的一系列监控组态应用软件，如 GEFanuc 的 iFix、Wonderware 的 InTouch、西门子 WinCC 等都能够被运用到试验教学中。

综上所述，把计算机软件模拟技术与组态技术运用于 PLC 的实际课程中，不但解决了传统 PLC 课程中教学试验设施不足的现实问题，同时还使学生理解、巩固了所学的 PLC 专业基础知识，并能灵活运用。这对于培养学生的创造性思维能力、软件综合设计与可发展能力等方面有着重大意义，并将为学生今后的工作打下良好的基础。不过，也必须清楚，软件模拟无法彻底取代硬件技术，因为硬件技术实验设备对于学生动手操作能力的培养，是无法彻底被取代的。想要培育具备一定综合素养的技术技能型人才，学校对硬件技术教学实验设施的投入，也是必不可少的。

第三节　PLC 教学中多媒体技术的应用

一、PLC 教学与多媒体视频

随着现代社会的发展，高等教育已成为数字化发展的"主阵地"，而多媒体教学科技则担任了"排头兵"。多媒体教学科技是指使用计算机技术实现的文章、图表、影片、音乐、动画、图像和各种数据的处理、组织逻辑关系等人机交互功能的信息技术。采用该技术所生产的配套教育产品，就是多媒体教学软件。对于学校的电工电子、机电类等专业的学生来说，PLC 技能也是其需要学习的知识。但是因为受多种因素的制约，PLC 课程教学难度很大，教学水平无法得到有效提高。所以，迫切需要符合 PLC 教学特色的多媒体教学课件来帮助 PLC 课程教学。

（一）PLC 教学与多媒体视频的设置方法

1. PLC 多媒体教学课件的特点

良好的交互式课程设置方案有效地反映了因材施教的教育理念，而 PLC 多媒体教学软件也须达到良好的交互式控制使用功能。课件要保证教师在课堂上和学生在网络平台上都可以轻松的交互。

丰富多彩的再现性多媒体教学教材不但能够自然、真实地展示丰富多彩的视听环境，而且能够对宏观与微观事件加以类比，对抽象事件加以生动、形象的展示，对复杂事件加以简单反映，等等。如此，原本比较枯燥的教学活动才逐渐有了吸引力。

充分的共享性与网络信息技术的普及，多媒体信息的自由传播，使知识的世界化交流、共享变为可能。以互联网为载体的多媒体课程方便了课堂资源的共享。而多媒体教学软件在教学中的广泛应用也提高了课堂媒体的表现力与互动性，推动了课堂教学知识、方法、课堂流程等的整体优化，从而提升了课堂教学质量。

2. PLC 教学的困境

学校开设的 PLC 课程一般包括两方面内容：一是高低压电气控制技术，二是 PLC 基本原理与使用。此外，其还可以涉及组态软件需求等。在较大容量的课程中，PLC 的实际教学时间无法确定，实验课时间更是少之又少。

教学知识内容新颖，而设备较老旧。PLC 作为电气自动化专业的重点学科之一，具有理论知识覆盖范围较广，更新进展迅速，既注重基础理论又偏重实际，与实际工业生产和应用紧密联系的特征。但是，学校实验室的仪器设备更新周期较长，设施老化现象严重，这使教学与生产的一线产品严重脱节。

笔者目前所采用的教学方法主要是先在教室上课讲解命令，然后让学生再到实验室进行实践。但实验内容并不一定全部都与教师最近讲授的指令有关，这导致学生在上课时缺乏兴趣，实验中又因没有掌握相关技术知识而无法编程。

3. PLC 教学多媒体软件的设置要求

针对多媒体教学教材及 PLC 的特性，要使学生在限定的课堂和实践时段内学会大纲规定的学习知识，不引入先进的教育思想、先进的教育方法，教学效果是很难保证的。

制作技术较完善的多媒体教学交互软件，可以有效克服传统 PLC 课堂教学的弊端，从而打破传统 PLC 课堂教学的"瓶颈"。PLC 课程中对多媒体教学软件制作的要求是培养学生的兴趣爱好，用户界面设计良好，内容高效整合，具有较完善的交互性和广泛的适用性。

（二）PLC 教学多媒体视频的制作方法

1. 选择教学内容

对课件内容进行全面分析，可筛选出最适宜使用多媒体教学课件，并将其作为辅助课程内容。因此，教师可选用"FX 系列 PLC 基本程序指令"为课件的主要内容。一方面，该部分教学内容理论性很强，教师必须通过多媒体教学软件辅助课堂教学；另一方面，该部分教学内容可以改善普通教材重知识轻技术、重讲解轻引领的弊端。随后，依据课堂教学实践，教师可将这些知识点进行编排结合，构成"逻辑及线圈控制命令""触点连接命令""多路控制命令"和"置位/复位命令"四大基础课程模块。

2. 设计教学策略

教材在各单元的起始阶段都要确定该单元的学习目标，并同时把目标细分为"学习能力目标"和"情感发展目标"两部分，以使学生带着总体目标去学习。

教师应采用"应知应会知识"内容来凸显课程要点，对关键知识精讲，同时辅以课堂练习内容来加强巩固重点知识。针对课程知识点，如"PLC 项目设计要求"，学生往往无法理解，教师可通过动画交互的形式进行项目设计，这样既培养了学生学习的积极性，也助其攻克了课程难题。

根据知识理论与实际一体化教学思想，笔者在教材中设置了"学习任务""温故知新""应知应会知识""课堂教学训练""应会操作技能"和"小结作业"六大教学环节。其中，"温故知新"环节发挥了承前启后的功能，并设置了互动式答疑环节，有助于学生巩固所学知识点。"课堂教学训练"具备了测试与反馈功能，学生在进行训练时可自行评估准确性，并对错误作出判断。"应会操作技能"则是按照相应的理论知识而设置的能力培养环节，能训练学生的思考能力，帮助他们掌握理论知识，同时也让他们更熟悉程序设计的过程。"小结作业"环节是对该模块的知识点进行小结，并安排相应的课外作业。教育课程设置要满足学生的认知特征，具备相应的开拓性和创新性。

3. 进行导航设计

课程的层级应采取网的组织形式，做到条理分明、导航清晰，使学生既可通过导航便捷地进入各个模块的任意部分，又可按照教材流程顺序进行学习。每个人机交互页面都附有简单的操作提示，指导学生进行操作。例如，在"课堂教学训练"中，学生输入答案后，单击"完成"按键，课件就能够迅速判断正误，然后学生按照提示说明，再单击"重做"按键，就能够反复完成训练。

4. 进行界面设计

课件应以浅色系为背景，色调应柔和、自然，富于新鲜感。用暗色为引导线则醒目、鲜明，有利于对学生进行快速引导。软件的页面应设置得体，大小合理，颜色配置合理，整体格调一致，与页面过渡柔和。

课件通常以一个简单流畅、生动形象的片头导入，因而可以全面调动学生的兴趣。课件的开发必须贯彻多媒体软件开发的艺术性原则，教师应对每个场景进行精心设计，素材制作上要充满创造性。

（三）PLC 教学的多媒体课程设计误区

1. 摈弃传统，一味追求多媒体教学

多媒体课堂有着传统教学方法所没有的优点，但无法彻底取代传统教学方法。传统教学方法是通过长期实践与探索总结得出的有效的教学方法，当前的教育还不能够脱离传统的教育方法。

2. 华而不实，影响重难点的教学

在设计 PLC 多媒体教学软件时，教师不能单纯地要求教材的页面做得漂亮，从而浪费大量的时间和资源去设置页面，忽略了教学本身或者忽略了教学的重点和难点，这样只会背离课堂的教育目标，完不成预定的教学任务。在课堂上，过于丰富的色彩在一定程度上会转移学生的视线，所以，切不可喧宾夺主。只有在顺应学生的心理、感知规律和记忆规律的基础上，合理地运用多媒体信息技术，教师才可以攻克课程的重难点，有效弥补常规课程的缺陷。

3. 容量过大，形成知识"夹生饭"

在使用 PLC 多媒体教学软件时，如果教师片面理解课堂知识，把大量的内容和知识点"填鸭式教学"传授给学生，教学会从以往的照本宣科变为按照"课件"讲授，而重点没有突破，难点也没有攻克，这种运用多媒体技术开展课堂教学的作用将会适得其反。知识的掌握应是学生个人的自主建构行为，每位学生应该从自身的知识背景入手，通过自身的思考活动掌握知识。

综上所述，在实际 PLC 的课堂教学过程中，适当运用多媒体教学软件等现代教育技术手段能够大大提高课堂质量，充分调动学生的主观积极性。合理使用多媒体教学软件是大趋势，但多媒体教学软件的创作、使用应讲求方法。

二、采用多媒体技术的 PLC 教学项目的研究

PLC 是实现制造业智能化的主要技术手段之一。目前，PLC 是电气工程和自动化等相关学科的重要课程，它专业知识覆盖面广、涉猎内容多、创新速度快，是一门综合性和实践性都很强的课程。

目前，由于国内院校普遍受到硬件资源的影响，实际教育环境条件不好，故大多采取单一的教学方式，即以课堂形式和教材为授课方式。教学内容主要从基础知识入手，介绍 PLC 的基本硬件构造与指令系统，PLC 的程序设计方式以及 PLC 控制器的

使用。课堂教学与实际工程案例的融合程度较浅，教师在介绍了基本命令系统与程序设计方式后，学生会感到抽象、不易懂，教学效果也会不佳。把基本命令使用以及程序设计技术的介绍贯穿于工程案例中，引导学生到具体场景中体会命令的使用和程序设计技术，将枯燥的理论与实践相结合，既能够提升学生学习的主动性，也有助于他们对知识点的了解与把握、训练其项目开发与研究技能。

（一）项目设计

课堂项目式教学法即以任务为主线，先提出具体的控制目标后，由学生制定方案并由教师逐步指导，最后再进行电气元器件的选购、I/O 配置、硬件接线图的设置、软件编写以及程序调试等过程。通过本教育过程，学生将在实际工作场景下循序渐进地领会 PLC 的操作和使用，熟悉 PLC 控制器的流程。同时教师可通过研究和处理运行过程中产生的问题，培养学生认识问题并解决问题的意识，以此培养其工作实践技能。

（二）项目教学法实施过程

以工程项目为主体开展的课程中，教师会把教学过程结合到对课题工程设计和完成的训练中，将每个工程项目都通过任务解析、硬件设计、编程、测试、实现等五步实现，并能根据每个课题内容制作的演示视频，通过任务驱动方式按顺序逐步开展教学。在教育过程中，教师负责明确设计目标、分解项目管理过程，指导学生剖析课题中包含的知识点，如编程需要用到的基本命令和硬件产品设计中需要注意的问题等。教师通过对各项任务的解析，能让学生弄清楚课程内容和主要任务，从而培养他们自学的主动性。然后，教师与学生进行交流讨论，教师指导学生进行硬件设置和 I/O 配置、绘制电气原理图，之后再阐述控制程序结构和编写思路，并启迪学生思考，最终使其实现控制程序的编写。接着，教师可以指导学生对在编写过程中发现的错误进行修正、调整，最后学生可利用组态程序与 PLC 的结合完成工程演示，以便让学生更直观地认识工程项目的完整工作流程。

（三）实施效果

教师应采用项目型教材，把基础知识由浅入深地融于项目管理环境之中，将理论和实践相结合。在课堂教学过程中，教师利用多媒体设备以动画的形式表现教学内容，启迪了学生思路，极大地提高了学生学习的积极性，能使他们从消极读书转向自主学习，也进一步加强了教学，进一步提高了学生对知识的理解程度，进一步扩大了学生的知识面，进而使其掌握了综合技能。

第四节　PLC 训练方法及其运用

一、以工作任务为中心的"实践—理论—再实践"教学法在 PLC 课程中的运用与探析

首先，在社会实践中学习。教师在选取课题时，要有针对性地以具体工程项目为主体，把知识点分块整合在具体工程的具体任务上，让学生进行有目的的工程实践应用练习，使他们在实践中进一步领悟到相应的理论，从而激起他们对知识的求知欲望。

其次，通过实践促进对理论知识的掌握。学生可以在具有一定实验基础知识的前提下，逐步上升到为了完成项目任务而主动展开理论知识的学习。此时，教师通过充分引导学生练习的方式，可逐渐把知识点分散在项目的实际应用中，学生在完成任务的过程中，在教师的指导下，应采用自主学习方式，进而扩大思考区域，渗透性地掌握基础知识。

再次，以理论指导现实。学生可以把理论知识运用于项目，以完成项目中的具体任务。学生通过运用自己所熟悉的理论知识，可以在实训中完成软件的设置、硬件的接线、软件的测试、运行等具体任务。

以活动任务为具体目标，指导学生在实践中进行理论研究—再投入实践，既能调动他们自主学习的积极性，也能充分培养他们的自主思维能力、实践能力，促使学生主动学习，从根本上改善课堂教学。而教师则要协助学生，使学生能够克服在学习中出现的困难，让学生自然而然地领悟教学内容，从而拓宽学生的知识面。

例如，在开展关于三相异步电动机的 PLC 控制系统的项目课程时，在第一次课上，学生可在实训台上完成一些简易的梯形图程序的操作练习。操作步骤：①选择梯形图；②把软件加载到 PLC；③执行程序。在自主学习的过程中，教师会经常听到学生边做边说"很神奇"，可见，学生兴趣盎然，兴奋不已。

第二次课是理论课，学生要学习电动机的 PLC 操作，全班同学都早早地来到教室，等待教师的讲解。课堂上，学生积极反思、发问、探讨，课堂气氛十分活跃。

第三次课是工程项目实习。教师先让大家自主完成三相异步电动机的 PLC 控制系统，具体包括以下过程：I/O 分配—接线图—硬件接口—程序设计语言—调试运行。学生既可以独自完成项目课程的任何一个阶段，又可以与小组成员彼此配合、交流，因此，项目课程的教学质量也相当好。在项目课程教学中，学生不仅掌握了基本理论知识，还掌握了与人合作的技能、知识运用的技能。

（一）网络学习平台自主学习

搭建了网络学习平台后，教师可以通过网络学习平台设立自己的教育账号，并且可拥有大量的教学资源，包括课堂教学录像、课堂教学照片、课堂教学辅助信息来源等。教师和学生能够利用此平台交互完成学业、沟通、练习、写作、批改、答疑等环节。在此平台上，学生能自主学习，可以随时练习，同时与教师保持联系。教师能适时解决他们在学业中出现的问题，激励、指导学生掌握好该学科的知识点，激发他们自主学习的兴趣，进而提升他们自主学习的效率。目前，该网络学习平台包括 PLC 的教学视频、教学录像、课程参考资料。利用网络学习平台帮助学生进行课堂学习、为他们跟踪、答疑、评估，可实现良好的自主教学效果。

（二）PLC 微课教学

为了使学生获得良好的教学效果，笔者把某个具体内容的工程项目或任务划分为几个单独的小块，每个小块既可能是某个理论的基本原理，也可能是某个小工程项目又或是某个技术过程。每小块空间做成了 5 min 以内的教学视频或教案，然后上传到网络空间，学生花上 5 min 或者更短的时间，就能掌握一种知识点、搞懂一种实际问题、学到一种动作技巧。这样能充分挖掘学生的学习潜质，为学生自主学习创造条件。

（三）现场学习

在课程教育中，学生必须去实践场所进行观察、实习。例如，在工程项目道路灯具的 PLC 控制的教学中，教师就提前要求学生去十字路口观测和记载道路灯具的运行状况；在工程项目电机的 PLC 控制的教学中，教师要求学生去车间察看 PLC 控制的机器设备的运行状态，并考察各类电机的 PLC 控制的实例，包括日常生活中的电梯的 PLC 操作等。教师可以利用实践工作场地，结合实际工作，给学生布置任务，并让学生自主练习。这样不但可以有效地提升学生学习的主动性，而且可以有效地实现 PLC 教学的目标。

综上所述，关于学生自主学习的对策，笔者开展了不少研究，也大胆地进行了实践探索，并获得了一些效果，该课题仍有待于人们在今后的教育中深入探索与实践。

二、问题型教学法在学校 PLC 课程中的运用与探析

约翰·杜威等现代教学开创者主张教育不能以教育者为中心，而是必须把学生当成学习的主体，以学生为中心来实施教学。问题型教学的教学方式主要围绕着学生思维进行，即以问题为中心，使学生思维与任务或问题挂钩，通过制造问题、创造问题情境，并利用学生的独立探索与合作精神来解决问题，从而促使学生积极思考，使其在思考中学到科学理论知识，同时掌握解决问题的技能。与"在实践中学习"和

"发现式学习"相比，问题型教学强调支持与引导，强调社会交流合作，是多种学习方法的整合。

（一）加强教学方法改革的必要性探究

传统的 PLC 教育课堂中，教师先是讲述 PLC 的基本构造与工作原理，接着对软硬件设备展开简单介绍，然后再述说基本命令与各种功能命令，结尾进行个别案例讲解或示范。但这些教学方式无法满足学生的实际需要，导致学生学习积极性的降低，既无法让学生熟练掌握 PLC 技术，也无法培养学生的主动学习能力。而且，随着现代化信息技术的发展，企业对学生掌握 PLC 技术的要求也日趋提高，所以，变革传统的教学模式、革新课堂与教学方法就变得尤为重要。那么，怎样才可以使学生更进一步地掌握 PLC 理论与技术方法呢？从指导学生的自主学习出发，问题型教学已成为教育过程中的必然选择。

（二）在 PLC 教学中实施问题型教学的重要作用

1. 有助于教学目标的全面实现

教育是一种有目的地培养人的活动。在学校课堂中设置 PLC 课程教学，目标是使学生掌握 PLC 的理论和使用技能。采用问题型教学模式引导学生自主学习，既符合自动化技术发展对人才的需求，又能够加强学生自身素养，培养学生独立思考、综合分析与运用推理的能力。因此，在学校 PLC 课堂中实施问题型教学模式，有助于课程目标的实现。

2. 有助于提高教师自身素质

教师自身能力水平的高低直接关系着教育成效的高低。在问题型教学课程中，对教师的要求也有了提高，教师需要对课堂的知识点有全面的掌握与理解。对学生进行指导时，教师需要对其进行精心的指导，同时还要适时改变自身知识结构，以扩充和更新内容。

3. 有助于培养学生的独立能力

在学校 PLC 课程中，通过问题型教学，学生可以主动丰富知识图形，并将之运用到复杂问题的处理上；同时，可以对整个流程及时加以信息反馈与反思。小组活动是问题型教学的常见形式，学生要以小队为单元进行分工、相互配合，共用知识资料。在分组研究过程中，也同时加强了学生的合作交流能力。

（三）问题型教学在 PLC 课程中的运用策略

1. 致力于问题情境的创设

情境创设就是教师结合教学内容创设接近真实的情境。以学校运用 PCL 技术对道路交通信号灯进行监控这一课题的课堂教学为例，道路交通信号灯是学生在日常生活中能够看到的常见现象，教师创设这个情景可以促进学生从身边熟悉的事情中掌握和运用知识，这样不仅可以充分调动学生的学习积极性，还能使学生明确学习 PLC 的意义所在。问题型教学模式反映了新建构主义的课程思想和教育理想。在实际的问题情境中，学生可通过运用自身固有认识架构中的有关经验去分析、解决问题，并将经验同化为新的认识，进而不断丰富自身的认识架构，进行新知识体系的建立。

2. 精心设计问题

创设一个合适的问题是问题型教学模式的关键。在问题型教学的设置和实现中，设置的问题要能够引起学生的注意，以促进学生掌握专业知识，并合理地解决问题。

3. 加强对问题的分析

分析问题的过程是对预先设定好的问题加以分析、完善的过程，也是对认知的体现过程。学生可以和同伴探讨自身对情境和问题的认识，透过现象来看本质，剖析情境背后的问题。

4. 开展小组讨论

小组讨论是问题型教学模式的特色所在。成员之间能否进行良好的合作，直接影响到问题能否解决。学生可以应用不同的协作模式，如辩论、合作、协商等，采用不同的意见来解决问题。这一阶段是对学生协作能力的培养与考验。

5. 采取分层的方式加强对学生的引导

对学生实行分阶段培养，体现了因材施教的教育原则。例如，有的学生已经能够熟练掌握 PLC 原理，但有的学生却仍然无法掌握 PLC 原理，针对这些状况，建议由技术层次高的学生带动技术水平较低的学生，在学习时可以边做边练；同时，把技术水平较低的学生聚集在一起，由班主任对其加以有效培养。

综上所述，在学校 PLC 教育中融入问题型教学，既有助于提高教学质量，又能训练学生发现问题、分析问题和解决问题的能力，从而提高学生的实践能力。问题型教学彻底改变了学生被动学习的局势，建立了以学生为主体的生动活泼的教学形式，适应了中国目前新教学改革的特点和要求，因此，在学校 PLC 课程中引进问题型教学有着重要意义。

三、基于 Automation Studio TM 的 PLC 任务式在线教学模型的设计

现代科技的蓬勃发展，需要人们不停地进行知识的学习，把终身学习贯彻到底。根据这样的实际背景，笔者为学习 PLC 课程的学生提供了任务式的网络教学方式。在此方式下，充分运用网络信息技术，学生不需要到校就可以在网上进行课堂学习，这就解决了时间与场地的问题。PLC 教学是一种实践性和应用性都很强的教学活动。笔者根据该教学的实际性质，在本部分中引入了一种新兴的教学软件 Automation Studio TM 程序，并根据新型的微课教育模式开展了任务型的教学模式的研究。

（一）Automation Studio TM 模拟软件及特点

Automation Studio TM 是一种综合模拟软件系统，由英国 Famic 有限公司研制，该

软件可实现多学科的模拟，涉及机械、电、水、电气控制等多个专业领域，因此，它是专业性的模拟软件系统，是非课程性质模拟应用软件。其系统既可由液压、气动、电力等单项技术组成，也可由多个技术综合组成。此外，该软件还可以动态模拟电路结构，用以观察组件和电路之间的相互关联，并动态展示组件剖面，营造了一种涉及多个专业应用领域、对模拟过程形象可视化的软件系统氛围。在该软件中，各元件模型可用图标方式显示，电脑会自动产生回路的模拟说明文档和程序，使用者可即时观察模拟动作。

Automation Studio TM 软件通用性强，目前已是流体传动及控制系统领域工程设计技术人员实现系统工程方案设计和模拟优化的一个关键工具。其用户界面简洁、操作简单、无须进行专门培训、易学易用。上述特性使该软件可以在电气控制的辅助教育方面起到很大效果。它生动而真实的模拟效果以及超强的分析功能，可以很好地调动学生对 PLC 控制系统的学习兴趣。

该部分便是通过该程序来进行 PLC 在线教学的，该程序使得 PLC 的教学更加简单、高效。

（二）基于 Automation Studio TM 的 PLC 任务式在线教学模型构建

本部分将使用 Automation Studio TM 作为教学模拟设计软件，并采用了项目式课堂教学中以目标为核心驱动的理念，融合传统课堂与大型开放式网络课堂等教学模式的优点，利用网络信息技术实现了移动式课堂教学。在开放式的教学平台上引入了任务式在线教学模型，同时在学生中也进行了大量 PLC 课程实验，现以二层电梯电气控制的课程实验为例加以阐述。

1. 任务解读模块

首先，布置任务，对任务要求进行解读。

（1）控制要求。要求设计使用西门子 PLC 控制系统的二层简易电梯，在电梯内依次有去一楼按键、去二楼按键、开门按键、关门按键，梯外楼层则有上行按键（并有说明灯），二楼有下行按键（并有说明灯），在电梯到达一楼或二楼时有相应的说明灯显示。电梯在一楼时，应将所有门都关闭。

（2）转换过程。①在梯内按下对应按钮之后就必须有相应的功能，如开门、关门、去一楼、去二楼；②在梯外一楼按上行按钮则电梯行至一楼，停稳后开门，待人进入后关门并行至二楼，停稳后开门，待人出去后关门；③在梯外二楼按下行按钮则电梯行至二楼，停稳后开门，待人进入后关门并行至一楼，停稳后开门，待人出去后再关门。

2. 微课视频——知识点学习模块

该工程项目所包含的监控任务比较复杂，是学生根据之前的梯形图设计基础知识点进行综合实践的例子，学生编程时要逻辑严谨，能利用最基本的触点串并联连接，对定时器等进行控制系统设计。教师在课前要把有关教学内容制成微课视频，并将其提供给学生,使学生进行在线练习。

3. I/O 接口分配模块

教师在安排好教学任务后,可让学生通过互联网与同学展开讨论,对 I/O 接口进行分配,然后教师在学生交流的基础上对其做出评价,明确 I/O 接口的分配情况,具体包括哪些接口信号、哪些负载需要控制。

4. 模型搭建模块

教师在 Automation Studio TM 中构建模块,应重点培养学生对项目所需要元器件的选择和使用能力,并对整个技术过程有总体掌握。当学生对各自的模块构建完成后,教师可指导其进行参考模型搭建。

5. 软件设计模块

经过设计,这一模块中的二层电梯能实现所要求的特性,同时可使用 Ladderfor Siemens PLC 模板库,并将其录入 Automation Studio TM 中。

6. 在 Automation Studio TM 中进行模拟观察阶段

进行编程模拟,观测模块工作状况,并依据模拟状况对编程作出调整。在此阶段,可在同一页面上展示程序和模块,并实时对应呈现每个模拟步骤的模块执行状况和程序运行状况。

7. 检查评价阶段

学生必须独立完成以上步骤。在完成项目后,教师应对学生的任务设计情况逐一做出评价,帮助有问题的学生找出解决问题的办法,并对其进行最后的评估。同时,教师在项目实施后应给学生提供一些参考范例,供其参考。

8. 任务延伸阶段

项目完成后,教师应给学生再布置新的项目,使其在完成了二层电梯控制系统的基础上再完成三层电梯甚至四层的电梯控制系统。课后习题由学生完成。

经过上述八个环节,学生能对 PLC 系统进行全面的掌握,包括系统的组成方法和软件系统的程序设计,这使学生对 PLC 的控制效果可以用一个更直观、明了的方法进行检验。在 Automation Studio TM 软件平台中,对任务的控制效果可以用一个比较直接的方法进行模拟。当学生在使用完此软件后,其亦可直接在教学项目中利用此软件进行相应的设计模拟。

该部分主要总结了大型开放式网络课程利用网络的交互式教学、微课的移动学习方法,并依托 Automation Studio TM 的软件网络平台,对 PLC 教学开展了任务式的学习方法研究。这种学习方法的主要优点:①学生能根据个人学习情况重复观看微课录像,按照自身进程进行学习,所以,其学习时段的选择相对自由;②到校学习存在困难的学生可通过在线教学的形式进行课程学习,这解决了场地限制的问题。使 PLC 在线教学系统得以实现的基础,就是 Automation Studio TM 软件系统的广泛应用。利用该软件简便易懂、生动真实的模拟功能等优点,能使 PLC 的现场教学更加生动。

四、研究性学习在"基于 PLC 的机械手操控系统设计"教学中的运用

由于社会的不断进步以及人类生活节奏的日益加快，人类社会对机器制造质量的要求也日益提高。随着微电子技术和电子计算机软硬件技术的飞跃式发展以及现代控制技术的逐步完善，机械手科学技术迅速发展，而现代气动的机械手技术又因为其工作介质来源简单、不污染工作环境、元件价格相对低廉、维护简单和稳定可靠等优点，目前已经深入制造业领域的各个单位，在制造业发展中处于关键位置。但目前，各学校对机械手专业的教育主要侧重基本原理和概念的介绍，教学模式主要以理论知识为基础，而掌握了该知识的学生在学完后却没有解决实际问题，也没有提高他们就业所需要的核心能力。在这个项目中，笔者尝试引入研究性学习教学法，期待提高学生处理具体问题、独立思考的能力。

（一）研究性学习的特点

1. 研究性学习概述

研究性学习是教育部于 2000 年 1 月实施的《全日制普通中学教材规划（试验修订稿）》中的综合实验项目板块的一个知识点。其主要内容是指学生在教师的引导下，在学校活动和社会生活中选取并设定研究课题，从而积极地掌握知识、运用知识、解决问题的行为过程。它以学生在学校学习生涯和社会生活中所获取的各种问题或项目活动，以及学生的设计和创作活动为主要任务内容；以在发现问题和解决问题的全过程中所掌握到的科学手段、得到的充实且丰富的经验，以及所掌握的科学历史方法为主要教学内容；是在教师的引领下，以学生自己通过研究性学习方法进行科学探索为基础的学科类型的教学方法。

2. 研究性学习的主要步骤

（1）课题背景、意义及介绍。教师要向学生阐述研究性学习的性质、目标、过程与意义等，让学生掌握研究性学习方法。同时，向学生介绍课程的背景知识，以引起学生进一步了解与探究的兴趣。

（2）指导学生确定课题。教师要根据介绍的课程背景知识，给学生提出研究课题。

（3）实施研究阶段。教师要针对已选定的课题，根据困难程度的不同划分课题组开展调研，制订方案，并以研究表格、调查报告等形式开展分析、研讨。

（二）研究性学习在"基于 PLC 的机械手操探系统设计"教学中的运用

1. 讲解和培训

"基于 PLC 的机械手操控系统设计"项目是机电一体化专业学生学完 PLC 后学习的一个实践性项目，更适宜于采取研究性学习的方式。

其基本动作控制方法如下：①由伺服电机驱使可旋转夹角为 360° 的气控机器人（有光电感应器确认起始 0 点）；②由步进电机驱使丝杠部件使机器人沿 X、Y 轴移动（有 X、Y 轴限位开关）；③可回旋 360° 的旋钮机构能推动机器人及丝杠组自主转动（其电力控制单元由直流电动机、光电编码器、接近控制器等组成）；④转动底座一般支持上述组成部分；⑤气控机器人的张合由气动调节（充气时机器人抓紧，放气时机器人松开）。

其基本工作流程：当货运到位时，机械手控制系统开始工作；步进电机控制系统开始向下运动，同时，另一路的步进电机控制系统交错轴也开始向前运动；伺服电机会驱使机械手转动至正好抓住货运的部位处，然后进入充气过程，机械手夹紧货物。步进电机驱使纵轴上升，而另一个步进电机驱使交错轴开始往前走；转盘直流电机的旋转使机械手整体运动，并转到货物收集处；步进电机继续驱使纵轴向下，达到设定高度后，气阀放气，机械手松开货物；系统复位，并准备下一个动作。

2. 课题准备阶段

（1）提出和选择课题。机械手技术在生活中的使用比较普遍，而想要学习机械手技术，我们又需要掌握什么样的基础知识？通过教师所讲述的例子，学生可以认识 PLC 运动控制器和运动驱动器。而按照学习的难易程度，学生可以分组理解运动控制器和驱动器的运行状态，并写出 PLC 程序。

（2）成立课题组。分小组并明确各小组的任务，本课题共分以下三个小组实施。

PLC 运动控制器组：查找相关 PLC 运动控制器的类型和相应的运行方式。

运行驱动器组：查找相应运行驱动器的类型和相应的工作方式。

软件程序组：负责对机械手编写 PLC 程序，实现运动控制系统。

（3）课题实施阶段。学生应根据研究方案，将收集到的各类信息进行整合、分析、讨论，可得到如下结论。

第一，可根据 PLC 运动控制器小组所收集到的资料提出解决办法：按照运动控制系统设计特点的不同，建议选择 CPM2A 小型计算机。CPM2A 在一个较小型的模块中整合了多个控制功能，如同步输出控制功能、间歇限制输入、脉冲输入/输出、模拟量设计以及时钟管理功能等。CPM2A 的 CPU 模块也是一种独立模块，可解决更广泛的工业机械控制系统应用难题，所以在工程中也是作为厂内装配机械控制模块的最好选择。其集成的通信能力也确保了它与个人电脑、其他 OMRONPC，以及 OMRON 可编程终端之间的直接通信。而这种通信功能也使得四轴联动简易机械手能够方便地被应用在工业生产系统中。

第二，运动驱动器小组所收集到的有关信息包括为了实现精确管理的目的，以及针对当前市场状况。所有重要元件选型包括：①机械手偏航操纵（Y 轴）和横轴（X 轴）时使用的都是二相混合式步进电机；②伺服电机及其驱动器：所有机械手的回转动作均采用伺服电机。

第三，软件流程图。流程图设计是 PLC 编程的基础知识。因为只有先设计出流程图，才可以顺利而简单地编写出阶梯图，并完成语句表示，而最后才进行编程的设计。所以，编写流程图十分重要，也是程序设计人员首先要做的任务。

机械手在工作、生产中发挥着重要的功能，怎样学习基于 PLC 的机械手操控系统的技术知识，确定自己的职业目标，是每位学生需要事先准备与思考的。引入研究型教学方式以后，PLC 教学获得了不错的成效，学生也获得了不错的发展。

结　语

　　PLC 系统是代替了常规继电器和计数器的智能化控制系统，其名词概念源于一般的继电器和计数器名词概念。学生只有熟悉了电工学的基本概念和基本原理，才能从 PLC 知识中理解具体的名词及其意义。例如，PLC 中的输入/输出、常开常关接点、延时等功能就是沿用电工知识中的具体名词及意义，但有所不同的是，前者是看不到的所谓软元器件，而后者则是看得见的像交流接触器这一类的具体元器件，但其完成的功能是相同的，都可以完成对开关电气量的调节。PLC 的控制系统基本原理与电工技术的电气控制基本原理相似，只不过在电工技术中往往要对大量的元器件完成复杂的电气控制工作，且电路变化更加复杂。采用 PLC 进行全程序控制，连线简便，修改操作也简洁、快速、简便，只要求改变程序而不需更换线路，这使学生对电气控制的掌握更加容易。

　　学生有了这样的知识储备，将会在 PLC 的学习中激发出学习兴趣，并掌握更多的知识。久而久之，其理论知识和实践技能就可以实现最大限度的融合，学生的自主学习水平自然也会得到提升。

参考文献

［1］龚爱平，张海银. PLC 课程融合 STEAM 教育的教学模式探究［J］. 高教学刊，2022，8（33）：82-85.

［2］梁栋，张陈，巢渊，等. 应用型本科 "PLC 应用综合实践" 课程的教学改革［J］. 科技与创新，2022（21）：134-136.

［3］刘甘霖，刘竹林，戴敏. 工程项目模型在 PLC 教学中的应用探索［J］. 湖北工业职业技术学院学报，2022，35（5）：73-75.

［4］侯月，蒋东霖. 基于技能大赛的中职学校电器及 "PLC 控制技术" 课程教学改革研究［J］. 长春师范大学学报，2022，41（10）：165-168.

［5］王雪娟，乔昕. 电气控制与 PLC 课程的教学设计与实践［J］. 造纸装备及材料，2022，51（10）：233-236.

［6］朱峰刚，贾聊. 探讨三菱 PLC 仿真软件教学效果［J］. 电子测试，2022（19）：138-140.

［7］王进，韩晨霞，王笑. 基于线上线下融合的 "电气控制与 PLC" 课程教学改革探讨［J］. 产业与科技论坛，2022，21（19）：163-165.